发现意想不到的自己

萨提亚模式与自我成长

天心海棠◎编著

中国纺织出版社有限公司

内 容 提 要

萨提亚模式来到中国，给中国的心理治疗带来了新元素，也推动了中国的心理治疗不断发展。这种方式是更为有效的，也给人们提供了深刻、便捷的心理治疗方法和途径。

本书以萨提亚模式为基础，从心理学的角度阐述了自我成长，也对人生的各个方面都加以关注，旨在为读者朋友们提供帮助，掌控情绪，保持正能量，积极友善，也治愈自己曾经的伤痛，与自己，与原生家庭握手言和，这对于自我成长与完善都是至关重要的。

图书在版编目（CIP）数据

发现意想不到的自己：萨提亚模式与自我成长 / 天心海棠编著. -- 北京 ： 中国纺织出版社有限公司，2021.4（2023.5重印）

ISBN 978-7-5180-8164-6

Ⅰ. ①发… Ⅱ. ①天… Ⅲ. ①心理学—普及读物 Ⅳ. ①B84-49

中国版本图书馆CIP数据核字（2020）第220473号

责任编辑：李凤琴　　责任校对：高　涵　　责任印制：储志伟

中国纺织出版社有限公司出版发行

地址：北京市朝阳区百子湾东里A407号楼　邮政编码：100124

销售电话：010—67004422　传真：010—87155801

http://www.c-textilep.com

中国纺织出版社天猫旗舰店

官方微博http://weibo.com/2119887771

三河市宏盛印务有限公司印刷　各地新华书店经销

2021年4月第1版　2023年5月第3次印刷

开本：880×1230　1/32　印张：7

字数：123千字　定价：39.80元

前言

萨提亚模式也叫萨提亚沟通模式，又叫联合家庭治疗，是维琴尼亚·萨提亚女士创建的理论体系。萨提亚是美国最具影响力的首席治疗大师，她创建的萨提亚模式帮助无数人摆脱了心理疾病的困扰，因而美国著名的《人类行为杂志》给予了萨提亚极高的赞誉，称她为“每个人的家庭治疗大师”。她用尽一生，都在探索人与人之间，以及人类本质上的问题。在家庭治疗方面，她创建了崭新的理论体系，提出了全新的理念和方法，因而很多心理学领域的专业人士都很尊敬和崇拜她。

在对人际关系和人类本质进行研究的过程中，萨提亚发展了很多生动创新的技巧，用于探索家庭关系。很多心理治疗师对这些技巧加以广泛应用，也的确据此帮助了很多有需要的人。以往，人们在受到心理疾病的困扰后，或者选择视而不见，或者选择求助专业的心理医生，但是最终的结果都不太理想。萨提亚提出了家庭治疗。和传统的心理疗法相比，家庭疗法是一种全新的方法，不再从疾病的角度入手对病人展开干预，而是从家庭、社会等系统入手，对患有心理疾病的人进行全面干预。和去医院接受心理治疗不同，萨提亚模式下，病患在家庭生活中接受日常的治疗和无微不至的帮助与关爱，因而他们能够保持自尊，改善人际沟通，还能够活得更有尊严。在家人的关爱和鼓励之下，他们会从心灰意懒到充满正能量，最终不仅消除了心理上的症状，而且能够身心整合，内外一致，获得更好的人生体验和生存质量。

萨提亚模式在进入中国后，对中国的心理治疗带来了新元素的冲击。这种心理治疗的方式是更为深刻的，不再仅仅局限于表面，而是能够透过现象看到本质，也可以帮助心理疾病患者获得真正的幸福与快乐。对于萨提亚模式，人们的理解仁者见仁，智者见智。有人认为，萨提亚模式的魅力，就在于萨提亚本人。为此，人们认为萨提亚的模式是不可复制的。从另一个角度来解读，这何尝不意味着每一个学习萨提亚模式的人都是独特的萨提亚呢？每个人都有独特的萨提亚模式，都是不可被复制，也不可被超越的。在学习萨提亚模式的过程中，我们更重要的是坚持做好自己，走出属于自己的萨提亚之路！

中国民族有着上下五千年的悠久历史，文化源远流长，每一个家庭都独具特色。萨提亚模式流入中国后，一方面保持着自身的精髓，另一方面也与中国的文化语境相融合，这样一来，具有中国特色的萨提亚模式就应运而生。有很多对萨提亚进行学习和研究的工作者，也对萨提亚模式进行了延伸和发展。如今，萨提亚模式不仅可以帮助人们解决家庭问题，还可以帮助人们解决个人的心理问题、自我成长等。人们常说，一千个人眼中就有一千个哈姆雷特，我们也要说，一千个人眼中就有一千种萨提亚，一千个人就能造就一千种萨提亚模式。希望未来在萨提亚之路上，有越来越多的人加入，也有越来越多的人都能因为学习萨提亚而受益，而成就自我。

编著者

2020年10月

目录

第一章

与更好的自己相遇：发现意想不到的自己

相遇，是生命中最深厚的缘分。人与人之间的相遇，意味着一幅幅生活的情景拉开了序幕，呈现在世界面前。每个人固然都期盼着缘分发挥作用，期盼着遇见更多美好的人与事，而实际上，每个人最先做到的应该是与更好的自己相遇，这样才能发现意想不到的自己。

我是谁，你是谁

记得成龙主演的一部电影名字叫《我是谁》。在这部影片中，他因为一些原因身受重伤，失去了记忆力。在清醒过来之后，他完全忘记了自己是谁，接下来的很长一段时间里，他都在试图弄明白自己是谁。这样的感觉的确很难受，不知道自己的来路，也不知道自己应该去往何处。时隔多年，影片的结局已经记不清楚了，按照大多数影视剧的情节套路来看，成龙扮演的角色一定真正知道了自己是谁。这是影片中的情节。在现实生活中，也有很多人看似很清楚自己的身份，也知道自己的来路，却未必真的知道自己是谁。更多的人甚至从来没有问过自己是谁，自然也就不会得知这个问题的答案了。此时此刻，我们应该问问镜子里的自己：你是谁？当这个问题提出来的时候，我们当即就会意识到镜子里的自己很陌生。虽然镜子里的脸是很熟悉的，但是认真想一想，我们并不了解这张面孔下有着怎样的内心，也不知道这张面孔上的眼睛里有多少喜悦和愁思。

对于每一个生命个体而言，“我”都是与生俱来的，

“我”都是生命能量的显现，“我”的本质是美好的，是纯洁的。那么你呢？你当然也是如此。你是那么珍爱自己的生命，你是那么热爱这个美好的世界，你对一切都瞪大了好奇的眼睛，你对未来充满了憧憬和渴望。

你是谁？你可能是任何人，你也只可能是自己。你是谁？你是你自己，你也可以成为不是自己的人。我是谁？这个问题也许让你感到困惑，但是你必须真正解答这个问题，才有可能给自己的人生交上满意的答卷。每个人都要知道自己是谁，你也不例外。你要熟悉自己的容貌，你要了解自己的内心，你要挖掘自己的潜能，你要预见自己的未来。在生命的历程中，你也许经历了很多坎坷挫折，你也许无数次质疑过自己，但是你终究要接纳自己，拥抱自己，将所有的希望寄托于自己，也给自己最佳的赞许和最美的期待。

在萨提亚模式中，有一个冰山隐喻是极具代表性的。冰山隐喻告诉我们，一个人就像是一座巨大的冰山漂浮在海面上，露出海面的只是冰山一角，每个人能够被外界看到的应对方式和行为模式，也只是这个人的冰山一角。对于冰山而言，隐藏在海水之下的才是冰山的主体；对于我们每个人而言，不被外界看到的行为模式和应对方式，才是更为真实丰富的我们。然而，这并不意味着我们会像冰山一样被海面淹没，而是意味着我们应该更注重自我的成长，丰富自我的感受，让自我真正发光。当我们变成了发光体，当我们能够照亮自己，也照亮海底，我们会醍醐灌顶一般感到通透，感到内心充满了温暖，感到生命之中涌动着力量。我们恍然大悟，欣喜若狂，原来我们一直苦苦寻找的自己是如此强大，如此美好，如此璀璨。我们曾经是被蒙上尘埃的钻石，也许暂时不能发光发亮，但是这一切都改变不了我们作为钻石的本质。当有朝一日我们拂去灰尘，当有朝一日我们重见天日，我们依然熠熠闪光，晶莹剔透。

在对自我的追寻的途中，我们渐渐地寻找到了自己，渐渐地体验到了自己到底是谁。随着对自我的体验越来越丰富和深刻，我们对于自己也会有新的认知。有的人认为自己是太阳，充满了光和热，也给周围的世界带来光和热；有人认为自己是河流，溪水潺潺，温柔清凉，细腻美好，有着勃勃的生机；有人认为自己是险峻的高山，希望自己巍峨雄壮，遒劲苍凉，也希望自己能够傲然屹立于天地之间。如果有机会让每个人都以世界上的各种意象来表现自己，那么大家给出的答案一定是形形色色，各不相同的。原来，我们不仅看别人那么新奇有趣，看自己也觉得如此新鲜。

每个人对于人生的理解都很奇特，丝毫不逊色于对自己的理解。有人说人生是登山，有人说人生是旅行，有人说人生就是吃苦受罪，有人说人生是一路鲜花相伴。我是谁，不仅取决于我自己，也取决于我对人生的态度，取决于我以怎样的方式生活。我是谁，不仅是外在的呈现和一时的悲喜，而是在漫长的生命中贯彻始终的生命力量，是生命的本质和内核，是我们精神的家园，是我们一生的归宿。

现代社会中，很多人每天都如同旋转的陀螺一样忙碌不休，有些人也许获得了想要的成功，赚到了更多的钱，也有些人得到了想要的荣誉，得到了他人的敬仰。这样的忙碌如果只是为了追求外在的一切，而没有对精神和情感的充实，那么最终我们一定会感到迷惘。有些企业的高管毫无征兆地辞职了，也有些在大城市打拼和漂泊的人，突然之间就放下一切选择了回家过田园生活，还有人卖掉了辛苦买下的房子去看看世界，这其实都是对于精神的皈依。只靠着头脑去思考自己是谁固然重要，更为重要的是，我们要把自己是谁与自己的生命联系起来，在此过程中感受来自宇宙的生命能量，也寻找到生命最本真的意义和最重要的价值。

每一个人在一切外在的言行举止背后，都隐藏着自己的真心。这样的真心来自各种认知、观念，对于人生的理解、感悟等。这就是行为背后的因素，也许正是这些行为背后的因素才真正代表了我们，才给予了我们的人生更深刻的意义。要想认知我是谁、你是谁，我们都要透过冰山一角，看到隐藏在海面之下的巨大山体，看到在山体之中包含着的生命的生态系统。

相信自己永远值得

很多人不知道自己是谁，对自己也就没有信任。从心理学的角度来说，信任具有强大的力量，一个人只有相信自己，才能拥有这样的力量，才能在人生中做出更好的表现，让周围的人感到惊讶，也让自己感到惊讶。萨提亚关注自我成长，而要想实现自我成长，就要相信我是值得的。这样的信任和力量，来自自我信念的重大转变，由此而引起的一系列改变，也必然成就人生的转折和蜕变。

相信自己永远值得，这是每个人都应该做到的事情。相信自己永远值得，我们就会怀有更强烈的感情，面对自己，拥抱生命。现实生活中，很多人之所以碌碌无为，甚至在受到委屈或者受到不公正的对待时也不能为自己抗争，更不敢坚持捍卫自己的权利，就是因为他们不相信自己是值得的。

世界著名的萨提亚家庭治疗模式导师玛利亚曾经给一位女性做过家庭重塑。这位女性内向胆小，缺乏自信，总是怀疑自己，不相信自己能够获得成功。玛利亚得知这位女性从小就被父母训斥，尤其是脾气暴躁的父亲，一旦看到她在哭，就会呵斥她，严令禁止她。在父母这样的对待下，这位女士心理上的创伤很严重。玛利亚让一位男士扮演爸爸，让这位女士扮演小时候的自己。当这位女士开始哭的时候，那位男士马上训斥道："哭什么哭，天天就知道哭，除了哭，你还会做什么，烦死人了！"这时，这位女性的身形明显变得萎顿，甚至还情不自禁地打了个寒颤。看到这样的情形，玛利亚马上把手放到这位女士的背后，对她说："告诉你爸爸，你是值得的。"女士似乎感受到玛利亚传递给她的力量，当即挺直后背，看着爸爸的眼睛，大声地说："我是值得的。"说完这句话之后，她整个人都变得神采奕奕。后来，她告诉玛利亚，这样的举动让她感到自己浑身都充满了力量，似乎有电流流经她的全身，贯穿她的全身，她激动得热泪盈眶。从此之后，她牢牢记住了这句话：我是值得的。

此时此刻，正在阅读本书的每一位朋友，也应该告诉自己："我是值得的。"我们还应该发自内心地相信自己永远值得。这句话拥有神奇的力量，我们不管处于怎样的状态，一旦听到这句话，就会身受震撼，就会改变自己，实现自我成长。

在生活中，无论遭遇怎样的挫折，我们都要坚信自己是值得的。无论面对怎样的境遇，我们都要告诉自己“我是值得的”。当与其他人相处时，如果感受到他人的沮丧或者无力，我们也应该告诉他人“你是值得的”。当我们以沉稳的语调对他人说出这样的话，当我们以真诚的眼睛看着他人，相信他人会感受到这样深沉的力量，也会对我们充满了信任。这样一句话不但给我们带来震撼，也会给每个人都带来震撼。

现实生活中，很多人之所以缺乏自信，之所以常常质疑自己，就是因为他们不相信自己是值得的。只有相信，才能创造奇迹，只有相信，才能拥有力量。当然，这一切的前提是我们要觉察到自己的不足，也要知道如何去改变自己。很多人因为接触了萨提亚而彻底改变了自己，实际上不是萨提亚给了他们力量，而是萨提亚激发了他们原本就有的力量。先是觉察，然后是对自我进行重塑，在此过程中充满自信，充满力量。

每当到了梅雨季节，家里的很多东西都会发霉，都会很潮湿。在这种时候，我们需要把这些东西拿到阳光下，让它们接受阳光的照射。很多人都喜欢在阳光照射后的蓬松柔软的棉被中睡觉，这让他们感受到阳光的味道和拥抱。我们的内心也需要经受阳光的照射，这里所说的阳光除了真正的阳光之外，还有尊重、理解、信任与爱的阳光。相信在温暖的包裹下，我们的整个人生都会变得不同，我们的未来也会更加美好。

除了要告诉自己和他人“我是值得的”，我们还要亲自去体验。没有人知道自己在人生的漫长旅程中将会经历和遭遇什么，既然如此，我们就要坚定自己的信念，相信自己的力量，树立自己的信心，这样才能回归生命的本心。在西方国家，人们的感情热烈奔放，也很外向，所以彼此之间拥抱亲吻，说一些很直白的鼓励话语，是很常见的。然而在我们的国家里，因为受到传统的影响，很多人既羞于和他人表达热烈真挚的感情，也不好意思和自己表达热烈真挚的感情，这使很多人都处于感情压抑的状态，显然是不利于自我成长和进步的。

从现在开始，我们应该努力改变，告诉自己永远都是值得的，告诉自己生命的诞生原本就是奇迹。既然每个人都驾乘着奇迹的生命机遇才来到这个世界上，又为何要妄自菲薄，怀疑甚至质疑自己呢？正如萨提亚所说的，每个人只有坚持欣赏和热爱自己，才能不再需要从外界得到满足。当我们真正做到这一点，我们就可以享受自己，享受他人，享受爱，享受人生的旅程。我们更要始终牢记，在这个世界上，每一个生命都是独一无二的存在，每一个生命的思想、言语、行为，包括优点和缺点在内的所有特点，都是不可复制和模仿的。每一个生命都只属于自己，理应成为自己人生的主宰和驾驭者，理应为自己的人生负起责任。

接受不完美的自己

在这个世界上，真正的完美并不存在，所谓的完美只存在于人们的想象之中。战国时期，和氏璧尚且有瑕疵呢，白玉无瑕也只是一种美好的向往而已。那么作为一个立体生动的人，又怎么会那么完美呢？很多人都因为觉得自己不够完美，而否定自己，打击自己，甚至放弃自己。不得不说，这样的想法和做法都是大错特错的。一个真正热爱生命的人，首先要学会接受不完美的自己，无需为了别人的评价，就委曲求全地改变自己，或者使自己面临很多的困境和障碍。

每个人的自信，首先来自自己对自己的欣赏和认可。试问，在这个世界上，如果我们自己都不能欣赏自己，别人又怎么会欣赏我们呢？我们还要学会倾听自己的心声，面对自己做出的选择，不管结果如何，都要勇敢地承担，都要毫不迟疑地去争取最好的结果。

意大利诗人但丁说：走自己的路，让别人说去吧。很多人都把这句话当成座右铭，但是真正能够做到的人却少之又少。这是因为有太多人都过于看重他人的看法，总是活在他人的评价之中，在不知不觉间就迷失了自己。要知道，一个人无论怎么改变都不可能赢得所有人的喜爱，一个人不管怎样曲意逢迎他人，都不可能得到所有人的赞赏。既然如此，为何还要迷失自己呢？当我们坚定不移地做自己，虽然不能赢得他人交口称赞，但是至少可以做到问心无愧，至少可以做到取悦自己。做好自己，才是每个人最大的成功。做好自己的前提是愉悦自己。

现实之中，有太多人都对自己不满意，对现状不满意，因而怨声载道，怨天尤人。有些年轻的大学生在象牙塔一般的大学校园中时，认为自己是天之骄子，认为自己寒窗苦读这么多年，一旦进入职场就是炙手可热的人才。实际上呢？真正走入社会，他们才发现现在的职场上大学生多得是，根本就不是抢手的人才。对于他们辛辛苦苦考到的各种证书，也很少有单位会看重。在这样的巨大落差之下，大学生未免会对自己感到失望，会对现状感到失望，也会对未来失去信心。他们从狂妄自大，到自暴自弃，似乎在一夜之间就从人生的巅峰坠入了人生的低谷。他们不知道的是，在未来的生活中，还有很多挑战在等着他们呢！俗话说，人生不如意之事十有八九，每个人都会遇到各种坎坷困境，没有人有例外。难道因为现状不如意，我们就不去努力奋斗，拼搏进取了吗？难道我们十几年辛苦地学习，就是为了得到他人的一句称赞吗？当然不是。小小年纪的孩子就应该知道，读书是为了自己，而不是为了其他任何人。既然如此，不管外界的环境如何，不管面对的境遇如何，我们都要坚持做好自己，才能对得起自己。

在封建时代，老百姓因为生活艰难不如意，往往会选择用算命的方式来预测命运。随着时代的进步，文明的发展，我们已经认识到每个人的命运都掌控在自己的手中。那么，我们如何掌控命运呢？那就是坚持努力，不懈进取，坚持笑到最后，笑得最好。

最近观看了影片《八佰》。那么多勇士面对掌握着重兵器、占据绝对优势的日本侵略者，为何甘当人肉炸弹，去打一场明知道注定要失败的仗？不是他们不知道权衡利弊，做出明智的选择和取舍，也不是他们不珍惜生命，而是因为他们知道自己活着的意义，也知道自己肩负着的责任和义务。他们不仅仅是为了打给日本侵略者看，不仅仅是为了打给中国的民众看，不仅仅是为了给组织以交代，完成组织的任务，而是为了打给自己看。如果没有最后这一个原因，如何能够浑身绑满炸弹，坚定不移地跳下去呢？

相信自己的人，能够看到自己的优势和长处，也能看到自己的劣势和不足，他们会坦然面对自己的不完美，也依然拼尽全力去做到最好。相信自己的人，从来不盲目奢求得到他人的信任，因为他们有足够强大的自信。

在这个世界上，任何人或者任何事物，都以自己独特的方式呈现着自己。花草树木怡然自乐，日月星辰熠熠生辉。即使没有人欣赏，太阳也会散发出光和热；即使没有人看到，花儿也会兀自绽放，散发芬芳。我们呢？自诩为万物的灵长，难道还不如一枝花更能够淡然做好自己吗？只要心中的信念坚定不移，只要眼中的光芒明亮不熄，我们就可以照亮自己的人生。

朋友们，拼尽全力去努力吧，你就是世界上最美好的存在。你可以改变，但不要因为外界的人或者事情改变，你的每一个改变都应该是为了自己。你可以不够完美，但不要挑剔和苛责自己，因为自信满足的你就是最美丽的存在。你可能有很多不足，没有关系，因为如果没有这些不足和缺点，你就不再是你。我们的人生目标应该是活成最好的自己，而不是活成更好的别人。

很多人喜欢回首过往，也会因为自己曾经做过的一些事情而感到懊悔，恨不得时光可以倒流，让我们回到从前，把一切都重新来过。这当然是不可能的，时光不可能倒流，一切不会重来，人生是线性向前的，永远也不会后退。既然如此，就不要为了已经既成事实的昨天而懊悔或者沮丧，而是应该努力地把握当下，活好当下，这样我们才有资格憧憬明天，才有可能拥有美好的未来。诸如抱怨、懊丧等，都是人生中的负能量，都只能使事情变得更糟糕，而无法使事情变得更美好。我们要选择一条正确的道路，走好属于自己的人生，不要沉浸在不可改变的历史或者当下无法把握的未来中，空虚度日。人生短暂，如同白驹过隙，对于每个人而言，生命都只有一次机会，不可重来，不可改写。当我们懂得生命的真谛，当我们洞察生命的真相，当我们学会与生命相处且齐头并进，我们的未来就是值得期待，值得憧憬，值得托付的！

做独一无二的自己

在这个世界上，每一个生命都是独一无二的存在，既没有与自己完全相同的人，也没有与自己完全相同的思想、观念、行为、作风等。即使是一母同胞的双胞胎，顶多长得极其相似，而内心的精神世界却是截然不同的。所以我们既没有必要为了迎合别人而改变自己，也没有必要为了证明自己而取悦他人。每个人最大的成功就是做自己，每个人唯一的人生目标也应该是做自己。

在自然界中，即使是一株小草，也应该独自在风中飘摇；即使是一朵小花，也应该绽放属于自己的芬芳；即使是一粒尘埃，也应该有自己的姿态。也许别人不会发现和欣赏我们，但是我们却要学会发现和欣赏自己。我们要发现自己的与众不同、独一无二，我们要坚持自己的特色，绝不轻易改变。很多人都喜欢鲜花，有人喜欢娇艳的玫瑰，有人喜欢高洁的百合，有人喜欢瞬间绽放的昙花，有人却唯独喜欢满天星，那样细细碎碎的，是最美的配角，也有人喜欢小小的丑菊，尽管花朵很小，只有铜钱儿大小，香味也若有若无，但是丑菊绝不丑，也不臭，有着自己的美丽与芬芳。

还记得东施效颦的故事吗？看到西施拥有病态的美，反而得到他人的垂怜和疼惜，健康的东施也就装得病恹恹的，眉头微蹙，似乎也正承受着疾病带来的痛苦。然而，非但没有人怜惜她，反而有很多人嘲笑她。谁说病态之美是美，而健康之美就不是美了呢？

在娱乐圈里有很多明星，大多数明星都想方设法地扮美，而有些明星却甘愿扮丑。例如，著名笑星贾玲，为了节目的效果，和林志玲同台。谁能说贾玲没有别样的美呢？作为普通人，我们既要看到别人的美，也要看到自己的美丽。只有这样，才能不妄自菲薄，才能看到自己的价值，也才能发挥自己的价值。

对于每个人来说，最大的人生目标不应该是活成更好的别人，而应该是做最好的自己。所谓做自己，就是接受自己的缺点和不足，就是理解和宽容自己，就是坚定不移地走自己选择的人生道路，就是不畏流言蜚语地做好自己该做的事情。

曾经有个故事，是关于父子俩抬驴的。父子俩想把家里的驴子牵到集市上卖掉，因而一起牵着驴子走出家门。他们一前一后地走着，牵着驴子。这个时候，村子里的人说："看这父子俩是不是傻啊，有驴子不骑，却牵着走。"父子俩听到这话，父亲马上让儿子骑着驴。走着走着，几个老人看到了他们，说："这个孩子可真不孝啊，自己骑着驴子，却让老父亲跟着走。"父亲听到这话，让儿子下来，自己骑着驴。走了没多久，几个农村妇女看到他们，马上指指点点："这个父亲可真不像话，孩子那么小，就让孩子跟着走，自己倒是挺会享福的。"父亲想了想，让儿子也骑到驴背上。他们又走了一会儿，一群人指着他们议论纷纷："这两个人的心可真狠啊，一起骑着驴，可怜的驴子都快被压死了。"父亲不知道该怎么办，思忖片刻，对儿子说："儿子，咱们还是都下来吧，找根棍子把驴抬着走吧。"儿子去树林里找来一根干枯的树干，和父亲一起抬着驴子。

快到集市的时候，路上的人越来越多。看到父子俩抬着驴子汗流浃背地往前走，他们全都捧腹大笑。父子俩被笑得不知所措，儿子一紧张，脚下一滑，居然摔倒了，这个时候，驴子拼命挣扎，一不小心坠入河里，父子俩也被驴子拽到河里了。

一个人如果没有主见，对于自己认准的事情也不能坚持去做，就会落得和这父子俩差不多的下场，狼狈不堪。如果父子俩打定主意牵着驴子一起走，或者其中一人骑在驴背上，那么就不会这样尴尬了。现实生活中，谁人背后不说人，谁人背后无人说。一个人不管多么圆滑，多么面面俱到，总是会因为各种原因而被他人议论。那么，面对他人的议论，我们该做的就是笃定地做好自己，切勿随随便便就改变主意。我们固然要从善如流，却也要坚持主见，只有在这两者之间取得平衡，我们才能做好自己，也才能做好自己该做的事情。

现代社会，很多人都有心理问题，或者紧张焦虑，或者抑郁压抑，可以说，在心理上处于亚健康状态的人，比在身体上处于亚健康状态的人更多。要想笃定地做好自己，我们就要明确自己想要怎样的人生，也为了实现梦想而不懈努力。即使在实现梦想的过程中会遭遇坎坷挫折，会经历重重磨难，这些都没有关系，最重要的是只要我们始终坚持，绝不放弃，就总能得到自己想要的结果。

很多人虽然看似在不断地成长，而实际上只是身体在成长，心灵却从未长大。从本质上而言，心灵成长的过程，就是看见自己，做好自己的过程。在成长之中，我们固然要为自己树立榜样，积极地向榜样学习，同时我们也要坚持做好自己，活出独属于自己的精彩。我们既不能墨守成规，拒绝改变，又不能过于从谏如流，总是盲目从众，随波逐流。萨提亚相信，每一个生命都是上帝花园里的一朵鲜花，终将绽放不同的姿态，释放不同的香味，也结出不同的果实。这是萨提亚女士对于生命的态度，作为普通而又平凡的人，我们对于生命也应该有这样的态度。不管是雍容华贵的牡丹，还是高雅清淡的菊花，还是迎风傲雪的腊梅，每一种花都有每一种花的姿态，都要活出自己的精彩。

接纳自己，悦纳自己，相信自己就是世界上最独特的那道风景吧！只有相信自己，你才能活出自己；只有相信自己，你才能尽情绽放。

做自己的陪伴者

在生命的旅程中，很多人时常会感到孤独寂寞，也常常因此而失落沮丧。人是群居动物，每个人都想拥有喧嚣繁华，远离孤独寂寞。然而，就像人生有酸甜苦辣咸一样，人生也会有不同的时光。有的时光璀璨绽放，那么华美而热闹，有的时光悄然静默，让我们躲过繁华，可以静下心来面对自己。我们可以孤独，却不要感到寂寞，因为孤独的时候我们还有一个忠诚的陪伴者，那就是我们自己。当一个人可以做自己的陪伴者时，他就不会觉得寂寞。

现实生活中，太多的时候我们都行色匆匆，如同旋转的陀螺一样忙个不停，却很少有机会可以停下来，静下心，看看自己。孤独，给了我们这样的机会，这样的机会是多么难得啊！所以不要再抱怨孤独，而是要相信自己在孤独中也可以璀然绽放，要相信自己在孤独中也可以进行独白，或者自问自答。人世间的万事万物都处于不停的发展与变化之中，所有的身外之物终究会远离我们，奔向自己的归宿。哪怕是父母、孩子等生命中至亲至爱的人，也不可能始终陪伴在我们的身边，所以我们要学会独处，要学会面对自己，要学会享受孤独。

很多人不知道什么是孤独，尽管他们饱尝孤独的滋味。当感受到痛苦时，却不知道自己应该与谁分担；当面对意外的惊喜时，却不知道自己应该与谁分享喜悦。这样的孤独是深入心灵的。而更让人无法忍受的孤独，是即使面对着一些人，也不知道应该与他们说些什么，或者不知道自己是否应该吐露心声，这都是孤独的表现。

也有的时候，我们身边并不缺人陪伴。例如，有人愿意陪伴着我们经历悲欢离合，有人愿意始终在我们的身边，对我们伸出援手，也有人愿意和我们一起哭泣一起欢笑。只是，我们内心的苦楚终究无人诉说，也没有人可以理解。但仔细想想，人生在世，谁还没有点儿不开心的事情呢？我们强求别人来理解和感受我们的喜乐，却忽略了别人的内心也许正在承受痛苦的煎熬。

人人都活在自己的圈子里，圈子里的人和事情，给予了他们特定的生存情境，这样的情境是他们不能逃离的现实，这样的情境也隐隐约约地表现出他们的宿命。现代社会中，有些人会选择以自杀的方式结束生命，其中一个原因就是他们无法面对孤独的自己，也不能承受孤独的生命。人生，就是一趟孤独的旅程，或者有素不相识的旅客一起走一程，或者有第一次见面的驴友可以相互帮助着走过一段艰难的路，然而终究我们要独自走完人生的全程。我们，只有自己的陪伴。

做自己的陪伴者，我们要与自己在一起，要始终忠于自己的内心，要坚持把身心、思维等都融为一体，安静地倾听自己。有的时候，如果觉得周围太过安静，我们还可以和自己对话：“嗨，原来你也在这里啊！”“亲爱的，你怎么了？”坚持以这样的方式与自己沟通，渐渐地我们就会更加理解自己，也会更加宽容和包容自己。人心是复杂的，我们要做的就是给予自己更多的关注和帮助，这样我们才能满足期待，才能对人生有更多的憧憬。

要想当好自己的陪伴者，我们还要学会与他人相处。现实之中，有太多的父母望子成龙，望女成凤，对子女提出了过高的要求，还常常对子女极其不耐烦，甚至否定和批评子女。在婚姻生活中，也有一些夫妻原本是因为相爱才选择携手走入了婚姻，却被生活的柴米油盐消耗掉了所有的热情和爱意，变得相看两厌。对于梦想，我们曾经那么坚持和执着，现在却感到遥遥无期，甚至不知不觉间就把梦想搁置了，也有可能彻底放弃了。我们满怀着热情开始了人生的旅程，最终却因为缺乏毅力，缺乏希望，而无法继续坚持下去。这样的结果是我们不想看到的。

在生命的竞争中，即使处于底层，也不要感到悲哀失望，而是要相信自己通过不懈努力就能得以提升；即使处于上层，也不要觉得高处不胜寒，哪怕身边的对手很少，我们也拥有自己的陪伴，也能在自己的激励下始终砥砺前行。

萨提亚认为，每个人都应该是自己最好的陪伴者。做自己的陪伴者，对于很多人而言都是崭新的课题。作为自己的陪伴者，我们可以建造属于自己的房子，我们可以以积极的正能量构建崭新的每一天，我们可以从世界中获取无限的机会和选择。每一个生命都是那么独特，作为世界上独一无二的存在，我们理应为自己感到骄傲，我们理应相信自己可以做到更好。从现在开始，每天从睡梦中醒来，每天睁开眼睛，都开启新的一天吧！我们要相信，新的一天已经到来，我们要相信，未来也已经到来！

第二章

让内心始终保持自信：认识并优化自己的价值

每个人都是独一无二，不需要和别人一样，只要活出自己的精彩，做最好的自己就足够了。要想让自己活得与众不同，要想让自己的人生充实美好，我们就要让内心持续加持自信。我们要看到自己的优势与特长，我们要察觉并优化自己的价值，我们要相信自己。相信，就是最强大的力量。

爱自己，拥有美好的人生

很多人都不知道如何去爱别人，也不知道如何才算是被别人爱，这样的人注定不知道如何爱自己。实际上，每个人最先学会做的，就应该是爱自己。只有爱自己，我们才会理解和宽容自己；只有爱自己，我们才会拥有美好的人生；只有爱自己，我们才会相信自己，才会认可自己，才能实现自己的价值。

很多情感小白在恋爱关系中都感到不知所措，为此，所谓的情感专家们就会给他们支招，让他们学会如何去爱他人，如何判断他人是否爱自己。最近网络上有一则新闻，说的是一个男生在七夕到来之际不知道如何表白喜欢的女孩，就买了15件礼物送给女孩，其中居然有空的首饰盒，有螺蛳粉，有毛绒玩具等。这个男孩大概把自己可以想到的七夕礼物都买全了，但是女孩却把这些礼物扔到了门外。尤其是空的首饰盒，是最让女孩倍感愤怒的：难道让我用这个首饰盒装别人送的礼物吗？仔细想想，女孩说的话也有道理。有情饮水饱，在现代社会越来越少见，而金钱至上、物质至上，从某种意义上来说已经成为主流。作为男孩，如果不知道如何给女朋友送礼物，可以送花和巧克力，送一个好看的首饰盒真的不合时宜。而对于女孩而言，谁说七夕节只能男孩给女孩送礼物呢？女孩也是可以给男孩送礼物的啊！所以女孩切勿理直气壮地收礼物，如果礼物不合心意，也不要大发雷霆。对于每一个人而言，爱都是一种至关重要的能力。爱自己，爱他人，爱生活，爱世界，才能得到美好。

在很多感情关系中，双方都是不对等的。一方付出得太多，而另一方却只知道索取，最终必然使感情发展遭遇困境，也必然使人际关系的发展受到阻碍，甚至导致事与愿违。也有一些年轻人习惯了被父母照顾，虽然已经成年，却还是不折不扣的妈宝，这样的年轻人如何能够做到爱自己，并且爱他人呢？每年七夕，都是几家欢喜几家忧愁，有的情侣高高兴兴过七夕，有的情侣垂头丧气过七夕。这与爱的能力密切相关。

有的时候，我们误以为自己是被爱的，后来却发现自己只是假装被爱，而实际上一切并非如自己所愿。还有些人喜欢以自己的方式与他人相处，爱他人，而从来不问对方真正需要的是什么，这样的爱是无效的。不管是爱自己，还是爱他人，都要让被爱的人感觉到爱，这才是爱的真谛。

在自我成长的过程中，很多人因为缺乏安全感，对于爱的渴望会更加强烈。例如有些女孩要求伴侣每天都要说“我爱你”，有些女孩还要求伴侣经常给自己送礼物。一旦爱流于形式，对方即使为你做了很多，也未必是因为爱，而有可能是因为惯性。真正的爱是可以感知到的，因为很用心，投入了真情，也愿意迎合对方的喜好。要想让自己感到快乐，我们既可以以这样的方式被爱，也可以以这样的方式去爱别人，还可以以这样的方式与自己交往，对待自己。

在爱之中，我们未必要相信自己听到的或者看见的，却一定要相信自己的感觉。即使是真心爱着我们的人，也会因为各种原因而导致在短时间内对我们的感情产生变化。同一个人，也许此时此刻很爱你，但等到下一刻得知工作上有了很大的变动，就会感到很心烦，甚至还会故意疏远你，而独自躲在角落中疗伤。这种现象在很多男性的身上都有表现。正是因为如此，才有婚恋专家说男性是穴居动物，最喜欢躲藏起来给自己疗伤。在这种时刻，女性不要缠着男性，而是要尊重和满足男性独处的需要，给予男性更多的独立空间去消化不良情绪。

那么，具体来说，我们如何才能做到爱自己呢？

首先，爱自己不是搞形式主义，而是切实地爱自己。有些人爱自己的方式就是挥霍钱财，胡吃海塞，或者给自己购买奢侈品，这未必是真的爱自己。真正爱自己的人会做自己喜欢的事情，而不仅是为了发泄一时的情绪就放纵自己。例如，一个人平日里非常节约，就因为情绪波动，决定对自己好一些，就把自己辛苦积攒了一年的积蓄在一天时间里就花光了。他一边花钱，一边觉得自己的心在滴血，这种爱自己的方式并不能起到预期的效果。与其报复性消费，不如做一些喜欢的事情，例如去看一场轻松的电影，去郊外远足，或者和朋友一起吃火锅喝冰啤酒，这些都是很好的方式，可以让自己感到放松和愉悦。

其次，爱自己，就要顺从自己的心，让自己感到安全舒适。很多人认为爱自己就是独立，就是要打拼事业，就是要闯出自己的一番天地。如果一个人没有拼搏的精神，也没有远大的志向，最想做的事情就是嫁给高富帅当好太太，那么嫁给自己喜欢且心仪的对象，就是爱自己。对于人生，每个人的理解和定义都是不同的，每个人的追求也是不同的。真正爱自己的人，相信自己会有更美好的未来，也为了实现而不懈努力。他们不会勉强自己做不喜欢的事情，也不会欺骗自己一切都会变得更好。他们对于现实有着清醒的认知，对于未来有着强烈的渴望，对于现在有着准确的把握。这才是爱自己。

当陷入矛盾的时候，既要学会选择和把握机会，也要学会放弃。有的时候，放弃也是一种解脱。人的欲望是很强的，很多人为了实现自己的欲望不遗余力地努力，却忽略了自己真正想要什么。如果拼搏并不能让我们感到充实而又快乐，如果只有放下才会让我们感到浑身轻松，那么何不选择放弃呢？心安是归处，心不安，人生则始终都在漂泊。

一个爱自己的人，在身体不适的时候，会先照顾好自己的身体；在内心犹豫彷徨的时候，会先安抚自己的内心；在感到身心俱疲的时候，会先安抚自己的情绪，让自己的心更宁静。抓住想要抓住的一切，放下想要放下的一切，在必要的时候放过自己，让自己心有所归，这就是爱自己的最好方式。

爱自己，不应该是一个口号，而应该是切实的举动。我们不会因为自己口中每天都高喊着“爱自己”就生活得更好，我们只会因为对自己照顾得更好，也更关注自己的心灵和情绪，才能心情愉悦，才能活出真我风采。一个人如果从不懂得爱自己，就会缺爱，就会更强烈地渴望得到他人的爱。一个人只有懂得爱自己，满足自己对于爱的需求，才能不再那么迫切地渴望得到他人的爱，也才能从容地选择自己的所爱。爱自己吧，自己陪着自己度过每一天的“情人节”，这样的人生浓浓的都是爱意，都是美好。

不听话的人生才能“开挂”

现代社会中，很多妈宝，不是乖乖女，就是乖乖儿，他们从小就沿着父母为他们铺设好的道路成长，从来不会做违反父母规定的事情，更不会做逾越规矩的事情。对于这样的人而言，一生之中也许波澜不惊，不会遭遇大风大浪，却总是在已经预定好的道路上前行，也未免让人感到兴致索然。人生令人感到畏惧，是因为人生中的很多事情都不可预期；人生充满魅力，也是因为人生是未知的，充满了无限可能。要想拥有精彩的人生，偶尔不听话，偶尔坚持做自己喜欢做的事情，走自己想走的道路，会给人生强大的助力。

很多人都抱怨人生不如意，例如原生家庭不好，父母没有给自己深厚的基础，没有考上好大学，工作很辛苦等。这些抱怨看似有充分的理由，实际上只是不知足，不知道如何更好地展开人生的画卷而已。在如今的职场上，有谁工作不辛苦呢？如果作为职员抱怨工作辛苦，那么可以看看老板，不但要和员工一样努力工作，还要全力以赴地拼搏，根本没有真正属于自己的时间，全年无休。如果作为老板抱怨辛苦，那么不如看看职员们。作为老板工作辛苦至少是为了发展自己的事业，而作为职员们工作辛苦，却只是为了赚取微薄的薪水。有一些女性全职在家相夫教子，也会觉得很辛苦，那么不妨看看那些需要兼顾家庭的女强人，她们一边在职场上拼搏，一边还要照顾全家人，还要辅导孩子功课。每个人都是超人，只要激发了自己所有的潜能所以不管在社会生活和家庭生活中扮演怎样的角色，我们都不会觉得辛苦，而是会更加拼尽全力地做好自己该做的事情，创造属于自己的奇迹。

不管是加班加点地工作，还是每天都为了全家人的一日三餐而忙碌；不管是四处出差，没有一日不奔波，还是整天都在家里团团转、相夫教子，没有任何可以拿来炫耀的成就；不管是做着自己喜欢的事情不知疲倦，还是无奈地做着各种事情，一刻也不能停歇，不管怎么说，现代人的生活没有太多容易可言。无论扮演怎样的角色，无论承担怎样的重任，我们都要努力向前，都要坚持不懈，都要尽力拼搏。就连原本应该无忧无虑享受人生的孩子，都被沉重的书包压弯了腰，都已经基本告别了尽情欢快的玩耍，都要为了不输在起跑线上而竭尽全力做得更好，更何况是我们呢?

相比起那些没有工作的人，我们的力气有地方可用，是幸运的；相比起那些天生残疾的人，我们可以拄着拐杖努力向前奔跑，是幸运的；相比起那些没有家庭负累，一人吃饱全家不饿的单身汉，我们拖家带口是幸福的……幸福并没有统一的标准，为了所爱的人，为了自己，为了家庭，我们不遗余力地争取做到最好，我们还有舞台施展自己的才华，就是最大的幸福。

然而，即便如此，也并不意味着我们就卖身给了公司，也不意味着我们除了努力之外没有任何其他的人生之路可走。当我们习惯了花样加班，当我们习惯了被领导以各种理由调动到环境糟糕的工作岗位，当我们因为怀孕被公司嫌弃，当我们因为犯了错误只能听凭领导训斥和责骂，其实我们还有其他的选择。与其等着被领导炒鱿鱼，我们为何不能先炒掉领导呢？我们完全可以拒绝领导的不情之请，我们完全可以捍卫自己的权利，我们完全可以选择走另一条人生之路。很多时候，限制和禁锢我们的不是那些身外之物，而是我们的心理状态：当我们觉得一切都是理所当然发生的，我们就无能为力与此抗争；当我们无法迈过心里的那道坎，我们就会被囚禁一生。

也许在靠着父母的照顾成长的阶段里，我们做了乖孩子。但是当一天天长大，当独立面对这个竞争激烈的社会，我们要学会说不，要跳出乖孩子的逻辑，要勇敢地活一回。谁说我们一定要服从权威呢？谁说权威就一定是正确的呢？日本音乐指挥家小泽征尔有一次参加世界指挥家大赛。他参赛的顺序靠后，在拿到乐谱之后，他指挥演奏到一半，突然听到演奏出现了错误。他指挥乐队从头开始演奏，但是到了一半的时候，又出现了同样的错误。这个时候，他意识到不是乐队的演奏出现了问题，而是乐谱有问题。因而，他当即指挥乐队停止演奏，开始详细检查乐谱。果然，乐谱上有一个不易觉察的错误。小泽征尔向大赛组委会反映这个错误，要知道，大赛组委会都是音乐节的专业人士、老师前辈等。大家都说乐谱没有错，小泽征尔并不畏惧权威，在沉思片刻后，他坚定地说："就是乐谱错了。"就这样，大家都站起来给小泽征尔鼓掌，小泽征尔也赢得了比赛的冠军。原来，这个不易觉察的错误正是比赛的一道题目。在小泽征尔之前，也有两位指挥家怀疑乐谱出错了，但是在被大赛组委会否定了之后，他们相信了权威，而否定了自己，因而与冠军擦肩而过。小泽征尔之所以能获得冠军，是因为他有良好的心态，是因为他坚定不移地相信自己，是因为他打破了乖孩子的逻辑。

如果领导总是变着法子让你加班，你为何不找一个领导无法拒绝的借口拒绝领导呢？例如要和女朋友约会，要带着父母做一件重要的事情，身体感到不舒服等。这些借口都是正当的，哪怕它们听上去有些牵强。但是你拒绝老板的加班请求却是正当的，所以你要有底气，要相信自己是在做正当的事情，不必觉得心虚。当然，如果领导光明正大地请你加班，而且明码标价加班的报酬，那么你也可以开诚布公地和领导谈一谈，做出自己的选择。乖孩子从小得到父母无微不至的照顾，即便长大成人，也依然活在乖孩子的逻辑之中：我没犯错，你不能惩罚我；我什么都听你的，你不能抛弃我；我按照你的期望去努力，你不能指责我。在此过程中，乖孩子不知不觉间臣服于权威，而很少会努力争取得到与权威平等的地位。这样的委曲求全、忍辱负重，最终换来的是什么呢？不是领导的认可和赏识，也不是领导的夸赞和重用，而很有可能是更加过分的苛刻要求。

除了在和领导的相处中当乖孩子之外，还有些人在与客户的相处中也失去了话语权，处于乖孩子的地位。不得不说，作为甲方，客户在工作关系中占据着绝对优势，但是这并不意味着我们要对客户言听计从。很多销售人员对客户赔着笑脸，放低姿态讨好客户，误以为这样就能赢得客户的信任，也能得到客户的认可。其实，有的时候客户需要的是一个专业的顾问，而不是一个只有服务意识的销售员。在销售很多商品的时候，销售员都要承担起顾问的角色，那么就要挺直腰杆，不卑不亢地给予客户中肯的建议。毕竟客户是外行，并不真正了解某件商品，也并不真正熟悉某个领域的交易，那么销售员只有当好客户的顾问，才能赢得客户的信任，也才能被客户委以重任。

贾飞是一名房地产公司的销售员。他虽然是一个男子汉，但是在面对客户的时候，却畏手畏脚，总是对客户点头哈腰，尽管服务态度深得客户认可，但是却很少能够促使客户成交。眼看着周围的同事都取得了很好的销售业绩，贾飞也很着急，特意请教老同事。老同事对贾飞说："你大概是把自己当成餐馆服务员了，只顾着满脸堆笑地为客户服务，却忽略了要给客户专业的指导意见，要帮助客户解决问题，要以专业的形象出现在客户面前。你说话毫无力度，客户只是享受你的服务，却并不会听你的，你也就无法引导客户解决问题。"老同事的一番话一语中的，贾飞陷入了沉思之中。的确，一直以来，他都想要服务好客户，却扮演了错误的角色，也没有摆正自己的位置。

客户固然是我们的衣食父母，我们固然要为客户服务，但是在人格上，我们与客户是平等的。我们固然要为客户服务，却无需卑躬屈膝。我们与客户之间的关系是交换关系，我们为客户提供专业的服务，客户为我们付出金钱。

不要对客户言听计从，也不要秉承二十四小时为客户服务的原则。在工作时间之外，如果客户提出要求见面，我们可以说自己正在度假，正在处理私人事务，拒绝客户的请求。听起来，这就像是把钱拒之门外了，而其实这样专业的举动反而能给客户留下好印象，让客户知道你把工作和生活分得很清楚，你如此热爱生活，也必然很热爱工作。

根据销售人员服务的态度，有人把销售分为两种，一种是权威式销售，一种是讨好式销售。作为销售员，我们无法始终讨好客户，既然如此，为何不从一开始就摆出正确的姿态与客户相处呢！在众多的销售行业中，都有这两种类型的销售员，事实告诉我们，权威式销售所取得的效果是更好的。权威型销售是客户的引导者，是客户的顾问和专家，而讨好型销售是客户的服务者，是客户的导购和服务员。那么，不想当乖孩子的你，决定要成为哪一种类型的销售呢？

在工作和生活中，我们固然要学会配合，却也要坚持特立独行。当我们与众不同时，我们往往会产生强烈的不安全感，觉得自己不管多么努力，都不能做到最好。其实没关系，我们即使不能做到别人眼中的最好，也可以做到自己认为的最好，这才是最重要的。坚持做自己，坚持做独一无二的自己，拥有开挂的人生，这是最大的成功。“不听话”的人生才能开挂，改变，就让我们从“不听话”开始吧！

讨好不能帮你得到爱

缺乏自信的人内心没有力量，很容易就会陷入一个误区，即形成讨好型人格，处处讨好他人。讨好型人格有以下的特点：不管做什么事情都看别人的脸色，如果被反对，就不敢继续去做；过于看重他人的评价和看法，当遭遇他人的否定时，内心就会感到很惶惑，不知道自己应该如何做才能赢得他人的认可；情不自禁地取悦他人，似乎自己不管做什么事情，目的都是为了赢得他人的好感，渐渐地迷失了自我；总是担心会给别人添麻烦，对于自己有能力做到的事情，从来不会对别人提出请求，哪怕花费很多的时间和精力，也坚持独自完成；拥有一颗玻璃心，很容易受到伤害，很容易感到委屈；害怕面对争执，当与别人产生意见分歧的时候，宁愿委屈自己，也不敢与他人抗争，更不敢为自己争取；不折不扣的老好人，面对他人的不情之请，也不敢拒绝，生怕因此而得罪他人，因此总是被人欺负；不敢提出合理的要求，作为上司不敢辞退下属，作为下属不敢捍卫自己的正当权益，例如要求涨工资等。

讨好型人格之所以做出这样的举动，就是因为他们认为别人比自己更重要，把自己看得很轻，把自己看得无关紧要。怀有这样心态的讨好型人格的人总是把别人的感受看得比自己的需求更重要，总是认为自己必须让别人感到舒服，哪怕为此而牺牲自己。有些讨好型人格的人，内心空虚、怯懦，外在表现却很强势，这并不能让他们改变虚弱的本质。

实际上，不仅讨好型人格喜欢讨好他人，每个人都会做出讨好的举动。如果以讨好为界，我们可以把人分为两类，一类是自己想讨好的人，另一类是自己不想讨好的人。这两种类型的人有一个明显的差异，即前者让我们感到不安，对于我们而言是不安全的人。后者使我们感到安全，对于我们而言是安全的人。这与对方的身材是否高大强壮，言辞是否和善都有密切的关系。当我们面对对方时感受到威胁，就会在潜意识里自动对对方进行分类，也会判断自己是否能够控制得住这个威胁。假如我们认为对方对我们有威胁，而且我们无法控制对方，那么我们就会自动开启讨好模式。反之，如果我们认为对方对我们没有威胁，而且我们可以控制对方，那么我们就会开启指责模式。如果恰好在此刻，我们的内心充满了爱的能量，那么我们就会进入爱的模式，与对方更好地相处。这就是人们常说的趋利避害。从本质上而言，趋利避害是一种本能。

对于内心缺爱，想要得到爱的人而言，一旦看到对方生气、愤怒，或者只是看到对方不开心，他们就会感受到威胁，生怕对方因此对自己有意见，或者与自己交恶，或者与自己产生矛盾、争执等，这都会促使我们做出表示妥协或者主动示好的举动。当预见到一些事情的结果是我们所无法承受的，我们也就会极力想要避免。避免的方式，就是尽量让对方满意，让对方感到开心，这样我们就更有可能体验到安全与被爱，满足自身对于安全和爱的需求。这是人活下来不可或缺的动力。

反之，如果我们可以承受一些后果，例如我们不在乎男朋友是否离开，我们不在乎得罪领导被开除，我们不在乎在一段时间内失去收入，我们不在乎被他人误解，那么我们就不会刻意讨好他人，而是会更坚持做好自己。当然，还有一种情况不会让我们刻意讨好，那就是我们相信对方不会做出迁怒于我们或者抛弃我们的举动，这同样会让我们底气十足。

很多讨好型的人之所以会讨好那些无关紧要的人，例如初次见面的出租车司机，塑料情谊的朋友，以及那些对我们并不友好的人，是因为他们在内心深处很渴望亲密的关系。举例而言，一个人新加入一家公司，在这家公司里，他对于大多数人都是很陌生的，感到非常孤独，在这种情况下，他会刻意去讨好一些人，迫切地想要与他人之间建立亲密的关系。如果此时此刻有人主动对他们表示友好，那么他们马上就会表现出加倍的热情。这也是讨好行为的表现。

对于结果的不确定，也使人做出讨好型行为。例如，我们对某个人的行为有意见，我们可以选择开诚布公地和对方谈一谈，但是我们对结果并没有把握。虽然此刻我们与对方也不是好朋友，但是至少还有这种可能性。而一旦谈了，一旦对方不通情达理，那么对方就有可能因此而很生气，从此之后与我们老死不相往来，甚至敌视、仇视我们。这当然是我们所不愿意看到的。在这种心态的影响下，我们也会畏缩胆怯，不敢去做自己该做的事情，想要维护这种还不是最糟糕的状态。

那么，我们不妨扪心自问：别人是否开心，是否生气，是满意还是失望，是热情还是冷漠，对我们而言真的有那么重要吗？很多人从小就看父母的脸色，作为乖孩子，他们从来不敢惹怒父母，因为害怕遭到惩罚。长期处于这样的心态之中，他们就会过于看重他人的倾向与反应，而过于看轻自己的喜怒哀乐。每个人都是独立的生命个体，我们只需要为自己的喜怒哀乐负责，而不可能对所有人的喜怒哀乐负责。既然如此，我们就要把关注的重点从别人身上转移到自己身上，要更看重自己的情绪感受，要更尊重自己的内心需求。即使需要爱，也要以正当的途径去获得，而不要总是过于苛刻地要求自己或者委屈自己。

告别内心那个惴惴不安的小孩吧，我们不再是处处都要依赖别人才能生存的小孩，而是已经长大成人，能够独立生活了。我们固然要在乎他人的感受，却不能因此而牺牲了自己的感受。真正需要我们负责的，是我们自己。我们独立生存在这个世界上，并不一定要得到所有人的喜欢。有人喜欢，我们置身于人群之中，感受热闹的欢喜；没人喜欢，我们也会在孤独中与自己相处，倾听自己内心的声音。所以朋友们，不要再给自己贴上讨好型人格的标签，当感觉到自己又要去讨好时，也要拒绝自己的讨好，大胆地说出自己的需求——我想得到你的爱，但是我不想讨好你。这样的爱，才是真正的爱，才是稳定长久的爱，才是我们所需要的爱。

不要过于看重别人的认可

很多人都过于看重别人的认可，总是希望自己能够表现得更好，从而获得他人的认可与赞赏，由此而充满了动力，做得更好。不得不说，这样的想法会让自己变得特别被动，毕竟我们做很多事情都是为了自己，而不是为了别人。人是群居动物，每个人都生活在人群之中，如果不管做什么事情都追求他人的认可，那么就会局限自己，使自己变得很迷惘，不知道自己应该如何做才能达到预期。不得不说，一个人即使再怎么改变自己，迎合他人，也不可能得到所有人的喜欢。换一个角度来看，一个人也不可能保证喜欢自己所遇到的每一个人。我们固然要从谏如流，吸取他人的意见，积极地改善自己，却也要坚持主见，要知道自己应该成为怎样的人，希望拥有怎样的未来，这样才能走出属于自己的人生道路，也才能在成长的过程中做好自己，成就最好的自己。

现实生活中，很多人之所以感到迷惘，就是因为他们没有明确人生的目标，也不知道自己为何努力。有太多的人之所以努力拼搏，就是希望自己变得更加有钱，从而得到他人的赞赏。这样的人往往没有底气，也没有自信，他们必须通过被别人认可，才能实现自己人生的价值，才会认为自己是出类拔萃的。这样的人不管做什么事情都需要外部驱动力来驱使自己，而很少拥有内部驱动力，更难坚持做好自己认为该做的事情。

渴望得到赞美，是每个人的本能，这是无可厚非的。但是如果过度期望得到赞美，而忽略了自身的成长是更为遗憾的，这样的人会陷入成长的误区。缺乏自信的人一旦被他人批评或否定，马上就会感到很紧张，甚至会很愤怒，似乎自己真的如同他人所说的那么不堪。这不是因为他人过于吝啬，不愿意认可和赞赏他，而是因为他本身陷入了思维的误区，认为对方只要没有明显而又正向地认可自己，就是在否定自己；认为对方只要没有明显而又大张旗鼓地爱自己，就是不爱自己。毫无疑问，这是对于认可与爱的误解，这对于人际交往是很不利的。

萨提亚沟通模式告诉我们，即使他人没有明显地认可和尊重我们，即使没有明确地向我们表达爱，我们也不应该因此而妄自菲薄，或者怀疑自己。我们应该告诉他人：我们是值得被尊重与被爱的。当然，如果对方并没有直接否定或者打击我们，我们也无需把对方想得那么糟糕，也许对方只是不善言辞，或者不擅长表达爱呢！真正的自信来自我们的心底，当我们是一个自信的人，我们就不会因为他人的评价而情绪波动，更不会因为他人的否定而否定自己。

有的时候，我们会过于看重他人的评价。我们总以为他人都在关注我们，都在瞩目我们，实际上，这是过于以自我为中心的表现。现实生活中，大多数人都承受着巨大的生活压力，每天都行色匆匆地奔波，既要照顾家庭，又要兼顾工作，哪里有那么多时间去妥善地照顾他人的情绪和感受呢！所以我们应该肩负起照顾自己、鼓励自己的重任，让自己能够积极地应对一切，也能够始终充满力量。

退一步而言，一个人即使不被他人喜欢，不被他人深爱，不被他人认可，不被他人重视，那又有什么关系呢？我们与其抱怨他人，不如先扪心自问：我们凭什么被他人喜欢和重视？我们为什么如此需要得到他人的认可？我们即使长得漂亮，能力很强，赚钱更多，职位更好，他人也没有充分的理由必须认可和赞赏我们。因为我们所拥有的一切，我们努力做到的一切，都不是为了他人，而是为了自己。所以请自己认可自己，请自己赞赏自己，请自己给予自己力量，这样才能让自己有更美好的未来，有更突出的表现。

一个人之所以渴望得到外界的认可，是因为无法通过自身来确定自己的价值。一个人不知道自己好不好，就会希望借由他人之口认定自己很好。如果我们有自信，如果我们相信自己表现得很好，我们就不会过于在意他人的看法，而更看重自己的感受。从心理学的角度来说，一个人内在的自我否定程度与对他人认可的需求强度是息息相关的。当我们不认可自己，我们就迫切需要得到他人的认可；当我们认可自己，就不那么需要他人的认可。尤其是当我们相信自己足够优秀时，哪怕是遭到他人负面的评价，我们也能做到不放在心上，而继续坚定不移地做好自己。

我们有多么批评和否定自己，就有多么需要得到他人的认可和赞赏，这意味着我们内心对爱的匮乏。我们缺乏爱，缺乏认同，缺乏安全感，所以内心不够笃定。在家庭生活中，父母要从小就多多鼓励和赞扬孩子，而作为成人，如果不能从他人那里得到认可和赞赏，就应该更加积极地鼓励自己，相信自己可以做得更好，也明确自己存在的价值和意义。对于人类而言，认可是必需的心理营养，一个人缺乏认可，就像缺钙，会导致成长得孱弱。那么试问，所谓成人，还能得到他人的哺乳吗？当然不能。所以成人所需要做的就是，自己哺乳自己，让自己的成长不缺钙。

在必要的时候，我们还可以寻求专业人士的帮助。例如很多抑郁症患者都活在自我否定之中，如果能够得到心理咨询师的帮助，就可以渐渐地解开心结，也可以缓解焦虑和抑郁。换一个角度来看，我们还要坚持自我认可，自我成长。在这个世界上，如果我们自己都不信任自己，那么还有谁会信任我们呢？犯错误没关系，遭遇失败也没关系，这都是人生的必然，都会给我们的人生带来向上的动力。最重要的是，我们要坚持做得更好，要坚持战胜坎坷困厄，不管多么艰难，都不要轻易说放弃，这样我们才能坚持笑到最后，坚持笑得最好。

与其渴望得到别人的认可，我们不如先认可自己；与其过于在意他人的评价，我们不如自己给予自己更高的评价，激励自己勇敢前行。人生的道路上，没有谁能表现得无可挑剔，最重要的是，我们始终保持向前向上的姿态，我们始终都在坚持做最好的自己。

面对误解，无需急于辩解或否认

很多人一旦被他人误解，马上就会进入心理防御状态，当即为自己辩解或者否认。这是人的本能，但是这样的本能效果往往不好。谁说理不辩不明？有的时候，越是想要为自己证明什么，我们越是要耐住性子，不要急于辩解，而是要能够笃定地做好自己该做的事情，这才是最重要的。从心理学的角度而言，防御心理是正常的存在，但是却很少有人意识到，防御心理与沟通密切相关，甚全会决定沟通的状态和结果。

人的本能就是趋利避害。当意识到危险的时候，很多人都会当即做出本能的反应，即逃避。有些逃避是身体上的行为和举动，而有些逃避则是在心理驱使下做出的心理反应，表现在语言方面。例如，有些人在遇到突发的情况时，总是安慰自己："没关系。""这没什么大不了的。""这只是一件小事，不值得记在心上。"但是实际上，他们往往很受伤害，或者非常紧张，不知道自己接下来要如何面对。那么，他们为何要说出这些违心的话呢？不是因为他们不知道事情的严重性，而恰恰是因为他们知道某些事情的后果很严重，所以才会以这样的方式帮助自己逃避，安抚自己的心灵。一个人太在乎，才会说没关系；一个人太害怕，才会说要勇敢；一个人太看重，才会把事情说得很小很轻。透过一个人的言语，我们可以看到这个人的内心。而透过自己的言语，我们也应该看到自己的内心。

有一个女孩从小就被妈妈批评和打击，变得畏缩胆怯。例如，放学路上被同学欺负了，回到家里告诉妈妈，妈妈就会指责她“胆小鬼”“你怎么不还手”“你白长了这么大的个子，却是个窝囊废”。长此以往，她对自己形成了错误的认知，觉得自己只有挨欺负的份儿，有什么事情也就不会告诉妈妈了。直到长大之后，她打电话和妈妈说起小时候的事情，妈妈轻描淡写地说：“一切都过去了，你现在不是好好的吗？”这让女孩感到很不满意，她不知道妈妈为何不重视她曾经受到的伤害。

后来，这个女孩参加了萨提亚工作坊的活动，这才知道原来妈妈之所以把事情的后果说得很轻微，是因为她不想面对女孩曾经受到的伤害。她妈妈认为，似乎这样轻描淡写，就能淡化女孩受到的伤害，就能让女孩心中好过一些。女孩这才了解了妈妈的内心，也就释然了。妈妈不想被指责是不好的妈妈，不想伤害孩子，所以就刻意逃避后果。

然而，对于很多伤害，越是不承认，就越是会激化矛盾。有的时候，如果能够解开心结，与他人之间开诚布公地谈一谈，主动承认自己的错误和不足，为自己给他人带来的伤害表示歉意，这样反而能获得谅解。死鸭子嘴硬，说的大概就是刻意逃避的人们吧！

在这个世界上，太多人都不愿意直面冰冷的现实，哪怕他们心中怀有灼热的感情，也不愿意直接表现出来。正是因为如此，才有人说一切冰冷都是对温暖的隐藏。那么，我们为何不能吐露自己真实的心声，让自己真正得到他人的谅解，从而与他人之间建立良好的关系呢？这样的真诚坦率，这样的直面相对，远远比刻意的隐瞒来得更好，也会对人际关系起到更强大的推动作用。

我们只是太在乎对方，所以才会把一件大事说成是小事；我们只是太在乎对方，所以才会掩饰自己真实的情感，伪装出一切都无所谓的样子。不在乎恰恰是因为太在乎，不重视恰恰是因为太重视，当弄清楚其中的关系，我们才能更好地面对自己，面对他人，我们才能卸下防御面具，坦诚地面对和承受一切。

不得不说，对于每一个人而言，直面自己的内心都是很难的。当这种感受太过艰难的时候，我们就会情不自禁地想要逃避，或者想要掩饰自己，甚至还会欺骗自己忽略糟糕的感受。所以对待他人，我们要怀有热情，要真诚坦率。而对那些外表冷漠的人，我们要感受到他们内心的热情和温暖，也要真正走入他们的内心，知道他们的所思所想与所感。不辩解，不否定，让关系平淡如水，却温润如玉。

被别人说不好又有什么关系呢

曾经，在被别人说不好的时候，你是否也会觉得无法承受，甚至因此而怀疑自己，批判自己？在与人交往的过程中，你是否也对他人满心怀疑，哪怕看到有两人正在窃窃私语，你就认为他们正在说你的坏话？当你过于在意他人的看法，过于看重他人的评价，你就会患得患失，就会草木皆兵。

这句话人人皆知，却很少有人能够做到，就是因为有太多的人都活在他人的评价里，他们之所以努力，就是为了赢得他人的好评。这样的人活得很累，他们的典型表现是：人际交往的压力很大，精神始终处于紧张焦虑的状态之中，很难经营好人际关系；他们的情绪很容易激动，他们自身也很容易生气，他们既敏感又很脆弱，有着一颗玻璃心；他们不能承受批评和否定，有的时候还会无端地怀疑别人在说自己的坏话。起初，这样的症状还是很轻微的，顶多导致人际关系紧张而已，而随着时间的流逝，情况会越来越恶化，他们会郁郁寡欢，认为自己不管怎么努力都不能得到他人的认可和欣赏，因而会进入狂躁状态。有些人甚至会做出伤害他人的举动，例如打人、骂人等，尤其是对于关系亲密的人，他们更是会毫不掩饰，恶言恶语相对。如果说一开始他们被批评或者被否定，会采取逆来顺受的态度，那么随着症状加重，他们对于他人不好的评价，就会奋起反抗，甚至还会因此与他人交恶。不得不说，这是非常糟糕的，会影响自身的生活。

看到这里，也许有些朋友会觉得这是耸人听闻："只是不喜欢被人批评而已，有那么严重吗？"星星之火可以燎原，虽然大多数人都不喜欢被人批评，但是一旦这样的心理超越正常的界限，变成异常的心理状态，给我们带来的伤害就是不可估量的。不喜欢被批评是人之常情，但是我们管不住别人说什么，却可以决定自己怎么做。足够自信的人和足够任性的人一样，哪怕被别人批评，也能依然我行我素，继续做好自己的事情。反之，那些缺乏自信，常常无端怀疑自己的人，一旦被批评，就会感到很紧张，就会马上怀疑自己做得不够好，就会对自己充满了嫌弃。不得不说，这样的人对于自己并没有清醒的认知，他们只是根据别人的评价来判断自己是好还是坏。

我们好不好，居然是由别人决定的，这听起来很怪异，但是事实恰恰如此。在潜意识里，我们就是这样认为的，因为我们还没有明确意识到这一点，所以我们会对自己缺乏自信，充满怀疑。要想改变这样的情况，我们就要找回自我，就要相信自己。当我们真正强大起来，在很多方面都有良好的表现，我们就会更加自信，也就不那么容易被他人的评价所影响。

也有一些人面对他人的负面评价，启动了防御心理，那就是一旦听到别人说自己不好，就马上暴怒，以愤怒来掩饰自己的尴尬，以愤怒来恐吓他人。还有的人采取逃避的态度，故意逃避，甚至愤世嫉俗，选择轻生。

在现实的世界上，我们无法控制别人说什么、怎么说，也无法要求自己凡事都尽善尽美，绝对没有任何瑕疵。我们唯一能做的就是接纳自己的不完美，接受别人的批评，然后遵从自己的本心继续做好自己。当我们选择了错误的方向，为了堵住别人的嘴就奢求或者苛求自己必须做到绝对完美，面对这个不可能实现的愿望，我们会更加沮丧绝望。

那么，我们为何不能自己确定自己好不好，而要通过别人来确定自己好不好呢？究其原因，是因为从小就不被允许有自己。有太多的父母都对孩子提出了苛刻的要求，不允许孩子按照自己的本心去做一些事情，一旦孩子犯了错误，父母就会声色俱厉地批评和指责孩子，渐渐地，孩子就会越来越失去自信，怀疑自己，甚至否定自己。当父母无微不至地照顾孩子，事无巨细地指挥和命令孩子，孩子在失去自我的同时，也就不能再主宰自己的心灵。所以，要想让孩子有更好的成长，要想让孩子变得越来越强大，父母应该从小就给予孩子选择的权利和自由，培养和发展孩子的自主力，这样孩子才能更加积极向上，也才能更加坚强独立。

孩子在两岁前后进入叛逆期，在这个阶段，他们渐渐形成了自我意识，会开始试探着做一些事情。在两岁之前，孩子认为自己和外部世界是一体的，并没有自我意识。在两岁之后，孩子意识到自己和外部世界是分开的，因而开始探索谁是自己的主宰，自己能否决定自己的一切事情。很多细心的父母都发现，孩子在这个阶段开始搞破坏，他们对看到的一切都充满好奇，都感到新鲜有趣，这使他们片刻也不停歇，总是在尝试着做很多事情去探索外部世界。在此期间，为了保证孩子的安全，父母会为孩子制订各种规则限制孩子的行为，让孩子明确他们可以做哪些事情、不能做哪些事情。例如不能吃手，不能捡起垃圾放到嘴巴里，不能爬到很高的地方，不能打人等。渐渐地，孩子习惯于接受父母的指令，因为和幼小孱弱的他们相比，父母是无比巨大的人，而且拥有强大的力量。

如果孩子在成长的过程中始终被父母控制，始终被父母支配，他们就会越来越迷惘，因为他们虽然拥有自己的身体，却不能随意支配自己的身体。他们习惯了接受父母的指令，直到长大，他们离开家庭，进入学校，更多地参与社会生活，才更加独立自主，也由此拉开了与父母抗争的序幕。正是因为如此，青春期孩子与父母之间才矛盾丛生，冲突不断。当孩子进入青春期，父母要完善孩子的人格，培养孩子的独立自主性，帮助孩子主宰和掌控人生。父母的认可，将会给予孩子强大的力量和勇气去面对不如意的人生，父母的信任和托付将会让孩子感受到自己肩膀上沉甸甸的责任。只有放手，才能给孩子更大的成长空间，孩子才会成长得更快，也更快乐，长大之后自然不会过于看重他人的评价。

那么，当一个人已经形成了过于看重他人评价的坏习惯时，又该怎么做呢?

首先，要培养自我。培养自我应该是在成长过程中完成的事情，如果一个成人没有拥有完整的自我，那么就要在此刻去做好这项工作。人生是需要补课的，尤其是在该做的事情都没有做完也没有做好的情况下。

其次，要敢于拒绝，勇敢地表达愤怒。很多成人都是不折不扣的老好人，不管面对他人怎样的不情之请，他们都会勉为其难地接受，而不能理直气壮地拒绝他人。这就是因为他们没有发展出自我界限。因为缺乏自我界限，即使被别人入侵，他们也感觉不到；因为缺乏自我界限，他们就不能捍卫自己的权利，常常因此而陷入被动的状态。从某种意义上来说，拒绝就是自我界限的能力，拒绝也帮助我们设定自我界限，既保护了自己，也能避免他人非法入侵。

最后，自己决定好坏，而不要由别人决定好坏。决定好坏是一种至高无上的权利，我们不应该把这个权利拱手让人。我们是好是坏，为何要由别人评说呢？我们相信自己做得很好，我们就是好的；我们认为自己做得不好，就要反思自己，争取做到更好。

明白了以上几点，我们就可以坦然地做好自己该做的事情，做到问心无愧之后，就无需过于在意他人的看法。对于他人的指责或者是非议，我们完全可以洒脱地说一句："我开心就好，与你何干呢！""这是我的事情，由我自己负责，你只要管好你自己的事情就好！""你可真是咸吃萝卜淡操心，你有这个工夫做点儿什么不好呢！"要相信当我们勇敢地拒绝他人管闲事，当我们勇敢地做好自己的分内之事时，我们就可以更从容，也不会再因为他人的评价而迷失了自己。记住，好不好，自己说了算！

第三章

从内在和谐到人际和睦：用心对待生命中的每一个人

人是群居动物，每个人都在人群中生活。所以一个人是幸福喜乐，还是满面愁苦，只有一部分取决于自己的内心，另一部分则取决于人际关系。只有处理好人际关系中的各种问题，我们才能与他人和睦相处，也才能从内在和谐发展到人际和睦，从而让生命以最好的姿态呈现和绽放。

什么是健康的沟通

沟通有三个重要的要素，即自我、他人和情境。毋庸置疑，自我指的是我们自己，他人指的是我们沟通的对方，情境则是沟通发生的环境。只有具备这三个要素，才能形成真正的沟通。一个人自言自语，不是沟通；有一搭无一搭地说着不咸不淡的话，也并非真正意义上的沟通。只有在具体的情境之中，我们与他人之间进行语言的交流，才能称为沟通。那么，什么是健康的沟通呢？

对于沟通的意义，很多人都有了了解和认知，也知道沟通是人与人之间的桥梁，只有保持顺畅的沟通，我们才能了解他人，也才能与他人之间进行更多的互动，并且可以与他人建立良好的关系，甚至增进与他人之间的感情。所谓健康的沟通，意味着要在沟通的过程中保持一致性，也就是进行一致性沟通。很多人与他人沟通时总是自说自话，只说自己想说的，根本不听对方在说什么，也不在乎对方的情绪和感受；如果对方也是这样的人，那么就会出现鸡同鸭讲的情况，是很令人尴尬的。真正的沟通要以共同的目标为导向，要在沟通的过程中努力表达自己的思想，也尽量理解对方的真实想法，这样的沟通才是更有意义的。

中国有句俗话：醉翁之意不在酒。其实，在沟通过程中，也常常出现这样的情况。中国文化源远流长，中国汉字博大精深，很多时候我们看似是在表达一个意思，实际上却是在表达其他意思，这就要求听话的人能够听出我们的言外之意，从而更好地配合我们沟通。人们常说心有灵犀，这是沟通的至高境界。也有很多人彼此心意并不相同，那么在沟通的时候就会面临很多困难和障碍。

男生和女生约会，在公园里游荡半天之后，女生饿了，问男生："你饿了吗？"其实，女生之所以这么问，就是因为她自己感到饿了，却又因为与男生还不是很熟悉，所以不好意思直接说："我饿了，我们去吃饭吧？"就只能以这样的方式提醒男生该吃饭了。男生呢，如果善解人意，就会问："我们去吃饭吧。你想吃什么？"如果男生有着榆木疙瘩脑袋，就会摇摇头，说："我不饿。你饿了吗？"这个问题很尴尬，让女生无法回答，女生往往因为不好意思，只好说自己也不饿，心中却对男生很不满意。

有些女生不好意思说出自己想吃什么，就会以"随便"回答男生，不管男生提议吃什么，女生都会回答"随便"。其实，这是因为男生提出的建议不能让女生满意，女生就只好以这样的方式希望男生继续猜测，直到男生能够真正猜中她的心思，她才会转怒为喜，感到开心。

有的时候，沟通如果不能做到开诚布公，就会变成一场猜谜语游戏。正是因为如此，才有人说："女孩的心思你别猜，你猜来猜去也猜不明白。"

沟通是一件特别有意思的事情，绝不是把心里的所思所想直接说出来那么简单容易。当我们醉心于沟通，就会发现沟通的魅力。在沟通中，有些人滔滔不绝、口若悬河，不愿意倾听别人，使得沟通没有好的开始；有的人是不折不扣的闷葫芦，别人问一句，他就回答一句，常常让人感到兴致索然，不想继续沟通下去。每个人要想成为沟通的高手，就要洞悉沟通的意义，就要知道沟通的含义。现实生活中，我们将会无数次与人沟通，每一次沟通都关系到人际关系的建立和发展，都会对人际感情起到至关重要的作用。

在观看影视剧的时候，我们会因为剧中人物之间的误解而感到着急，恨不得代替他们去解释误会。艺术来源于生活而高于生活，现实生活中，这样的误解也经常发生。但是作为当事人，我们往往无法像观看影视剧那样对于很多误解都心知肚明，而是会因此感到无奈、伤心、沮丧、绝望等。这些负面情绪对于我们的成长都没有好处，也不利于我们发展人际关系。我们认真观察可以发现，大多数误解都是因为沟通不到位。那么要想与他人之间消除误解，做到彼此心意相通，我们就要更加尊重对方，也平等对待对方，从而与对方建立顺畅的沟通渠道，让沟通水到渠成，起到应有的作用和效果。

说起沟通，很多人都有误解，觉得沟通就是要说。实际上，真正的沟通是从倾听开始的。尤其是在面对陌生人时，我们更是要学会倾听，才能打开对方的心扉，打开对方的话匣子，在倾听的过程中加深对于他人的了解。也有人认为，沟通就是以口头语言的方式进行的，口头沟通是面对面进行的，在面对面进行沟通时，也并非只有说话这一种表达方式，还可以做各种动作，例如面部表情、肢体动作等，都是沟通的好方式。曾经有心理学家提出，在人际沟通之中，言语语言只占据7%，而高达93%的肢体语言起到了重要的传情达意的作用。由此可见，要想促进沟通，还要坚持与人进行面部表情和肢体动作的交流。

萨提亚也很重视肢体语言在沟通中所起到的重要作用。萨提亚认为，在一切形式的沟通中，都包含语言方面和情感方面的信息，换而言之，即包含语言方面和非语言方面的信息。一个人在进行语言表达的时候，会在无意识状态下融入表情、姿态、语调、音色、呼吸频率等各种非语言信息。如果说语言是可以提前组织的，用以表达某些特定的目的，那么这些非语言表达则更能够表达人们真实的心理状态，因为这些非语言表达是很难伪装的。当语言表达和非语言表达呈现出一致性时，这样的沟通就是表里一致的沟通，也被称为是一致性沟通。萨提亚正是在对沟通进行深入了解和认知的基础上，才提出了这样专业贴切的定义。直白地说，所谓一致性沟通，即我们的语言和我们的身体感受完全一致，我们可以准确地表达自己的真情实感，也可以顺从自己的内心。

在一致性沟通的基础上，我们才能进行健康的沟通。但中国汉字博大精深，内蕴深厚，往往会起到犹抱琵琶半遮面的效果，有些人说话又刻意委婉，这就更需要我们绕树三圈才能明白对方所表达的意思。简单直白一些，不是更好吗？也许恰恰是因为如此，萨提亚模式才能在短时间内就在中国盛行开来。这是因为萨提亚模式很注重沟通，也提倡一致性沟通。在一致性沟通中，人们可以消除误解，可以更为有效的争论，可以倾听对方的真实感受，也很愿意把自己的感受告诉对方。在萨提亚模式所倡导的一致性沟通中，即使沟通的双方存在意见分歧，他们的内心也可以保持连接，因而使得沟通更加高效。

那么，一致性沟通有哪些特点呢？

首先，一致性沟通要建立在一致性的基础上。所谓一致性，就是我们要做真实的自己，既不要控制他人，也不要控制环境，而是坚持表里如一，直白地表达自己的感受，完全接纳，不加评判，并且能对自己的感受进行积极的处理。

其次，一致性沟通要以真诚为前提。如果我们不能真诚地说出自己的感受，也就不存在真正的一致性沟通。我们要知道自己真正需要什么，即使被批评，也不要当即就陷入愤怒的状态，而是能够真诚地针对事情展开讨论，想方设法地解决问题。只有以真诚为前提，在人际关系中，我们与他人之间才能做到理解、包容，而不是对他人百般挑剔与苛责，更不是对他人虚情假意。在沟通中，我们要始终牢记一个原则，即人们更愿意理解和接受真诚，而讨厌和反感虚伪。

最后，一致性沟通应该是通透的，是能量的流动。一致性沟通的目的不是争论或者辩解，而是让彼此保持连接，齐心协力地解决问题。一致性沟通不会破坏关系，而能够维护关系，增进关系。在原本不那么和谐融洽的关系中，如果当事人都能坚持一致性沟通，那么这样的关系就会重新获得生机和活力。

总而言之，一致性沟通要触碰自己的心，了解自己真实的感受，明确自己真实的渴望。举例而言，孩子放学回家很晚，妈妈特别担心孩子，孩子刚回到家里，妈妈就劈头盖脸地责怪道："你去哪儿疯啦！这么晚了才回家，你还知道回家啊！你怎么不留在外面呢，吃在外面，住在外面，这样我还省心了呢！"听了妈妈的话，孩子是什么感受？就如一盆冷水泼了下来，他们肯定感到心灰意冷。如果妈妈学习过萨提亚模式，就会换一种说法："发生了什么事情，你这么晚才回来，我很担心。下次如果有事情需要晚一些回家，一定要打电话通知我，否则我着急死了。"当妈妈采取后一种方式与孩子沟通，相信孩子会感受到妈妈的爱，而不会当即与妈妈争吵。

在人际沟通中，切勿理所当然地认为对方应该了解你的真实想法，对方应该清楚你的真实心意。现实是，没有谁是谁肚子里的蛔虫，我们必须坚持正面表达，说出自己对对方的关切，这样才能与对方拉近关系，增进感情，更好地相处。

怎样才能享受社交

对于社交，人们感受不同，褒贬不一。有人享受社交，认为社交让人生更充实，让体验更丰富；有人惧怕社交，因为不知道如何处理与别人之间的关系，也不知道怎样才能与别人交好；有人对社交又爱又恨，社交既成就了他们，也让他们感到无可奈何。不管我们对于社交的感受和评价如何，我们都无法逃避社交，因为人们已经习惯了在一起生活，也习惯了从社交中感受百般滋味。要想成为社交达人，我们就要学会社交，这样才能享受社交，也才能在社交过程中收获更多。

现实生活中，未必人人都渴望社交，也未必人人都惧怕社交。有很多人渴望建立良好的社交关系，却因为自身的能力不足，或者因为自己很害羞胆怯，而畏手畏脚。例如男孩喜欢一个女孩，却不知道如何搭讪，也不知道如何认识女孩；作为职员在和上司相处的时候，在大多数情况下都服从上司的安排，却在遇到特殊情况的时候，不知道怎样才能与上司沟通；作为学生很想和老师亲近，却不知道怎样才能靠近老师。每个人都有可能碰到社交难题，最重要的就是学会社交。尤其是那些内向者，在社交方面更是常常感到无力。相比之下，外向者却能在社交之中如鱼得水，因而做出了更好的表现。内向和外向只有少部分取决于天生，更多地取决于后天的成长，所以我们要有意识地培养自己的外向力，从而把自己从内向者常常陷入的社交窘境中拯救出去。

通常来说，惧怕社交的人在与人交往时，往往不能主动地发起话题，又常常会成为话题终结者，属于典型的不会聊天。内向者虽然看起来沉默寡言，实际上他们的内心燃烧着熊熊烈火，建立社交，就是要用这团火去燃烧和温暖他人，而不要因为自卑、胆怯等原因，就用一盆水把这团火浇灭。因此，在与人交往时，我们要积累更多的知识，学会与他人沟通，激发他人的谈兴，当好倾听者，也在必要的时候侃侃而谈。很多话题终结者都是沉默寡言的，而且回答他人的问题只有三言两语，甚至只有一个字，纵然对方想继续交谈，也找不到理由。再者，好不容易与他人建立了良好的关系，营造了良好的沟通氛围，惧怕社交的人却如同一块钢板一样矗立在别人面前，浑身都带着僵硬，发出抗拒的信号。最后，一旦被他人否定或者批评，或者听到他人说出不那么入耳的话，惧怕社交的人就会发挥想象力，变得特别敏感脆弱，玻璃心应声而碎。不得不说，没有人想与这样的人交往，因为会让自己感到万分疲惫，无以为继。和内向者相比，外向者则大大咧咧的，他们不会过于把他人的评价放在心上，或者哪怕遭到了他人的负面评价，也不以为然。有的时候如果感到尴尬，外向者还会进行自嘲，一则给自己解嘲，二则也能调节气氛，让他们紧绷的神经放松下来。

朋友们可以根据社交恐惧者的典型表现反观自身，看看自己是擅长社交，还是惧怕社交，是内向者，还是外向者。每一种性格本身并没有好坏之分，主要是因为这些性格对我们的生活造成了影响，所以我们才要深入剖析不同性格的特点，从而取长补短，扬长避短。

关于外向性格和内向性格，不同的人有不同的解读。这两种性格各有优势，各有劣势，内向者即使不喜欢内向性格，也不能突然之间完全改变自己；外向者即使不喜欢外向性格，也不能突然之间就变得内向。有些内向者认为自己沉默寡言，影响了人际交往，因而会刻意改变自己；也有些外向者觉得自己太过聒噪，反而希望自己能够安静下来，像内向者一样善于倾听呢！其实，不管是哪种性格，只要能够做到取长补短，发挥自身的性格优势，完全接纳自己，争取做出更好的社交表现，就是可以变劣势为优势，变缺点为优点的。

从心理学的角度来说，人是有自动思维的。所谓自动思维，指的是在面对各种情境的时候，我们的大脑会自动地进行假设与判断，并且评估与指导自己的行为。这样的思维表现就是自动思维，自动思维始终存在于我们的大脑之中，在我们漫不经心之间影响我们做出应对。除非我们知道自动思维的存在，否则往往会对自动思维采取忽视的态度，也就不可能感应到自动思维。

有一个奇怪的现象是应该引起我们注意的。那就是，很多内向者虽然内向，但是在熟悉的人面前，他们却并不会内向，而是能够放开自己，与熟悉的人、喜欢的人侃侃而谈。由此可见，内向者并非不想表达，而只是因为置身于陌生、不安的环境中，与外向者呈现出不同的自动思维而已。内向者因为缺乏自信，因为畏缩胆怯，所以会把交往对象想得很严肃，认为对方是严格苛刻的，不愿意容忍他人的不足，而且也并不热衷于交往。当把对象想成这样的人时，内向者就会更加望而生畏。而外向者的自动思维截然不同，他们会把对方想象成热情开朗、有包容心、积极友善的人。这样一来，他们在与对方交往之前就已经预见了好的结果，因而在交往中采取更积极主动的姿态，例如主动与对方搭讪，主动与对方交往等。概括起来说，内向者假设对方充满敌意，外向者假设对方充满善意，所以内向者与外向者和他人的交往模式截然不同。

不管是内向者还是外向者，要想享受社交，就要改变自己的交往心态，鼓励自己主动走出交往的第一步。只有先向对方伸出橄榄枝，我们才能得到对方真实的回应。对方也许会冷漠地对待我们，也许会热情地对待我们，这个时候，我们再调动潜意识蕴藏的经验来对待对方，将会得到对方更好的回应。

在人际交往的过程中，要想享受社交，我们就要怀着善意去假设他人，并且要积极地调整自己。很多人受到固有的社交经验的限制和禁锢，往往会对他人怀有恶意，或者认为他人是充满恶意的，这都会影响正常的社会交往。当我们真正敞开心扉，真诚地对待他人，我们与他人之间的关系就会更加轻松。一言以蔽之，我们既要看得起自己，也不要理想化他人。只有真正开始交往，我们才能对他人形成直观的印象，也才能用更好的社交策略与他人展开交往。

陪伴是最长情的告白

有人说，陪伴是最长情的告白。这句话虽然是人尽皆知的心灵鸡汤，却蕴含着深刻的道理。在一切的人际关系中，陪伴都至关重要，也是不可或缺的。在这个世界上，如果一定要说有些事情是最美丽的，那么就是陪伴；如果一定要在众多的话语中选出一句最令人感动的话，那么不是“我爱你”，而是“有我在”。当一个人在孤单无助的时候，知道始终有人陪伴在自己的身边不离不弃，知道自己就算失去了所有，也还拥有知心的爱人和全力支持自己的家人，心中一定会更笃定。

陪伴，应该更看重本质，而不是流于形式。很多人固然知道陪伴很重要，却并不能做到真正的陪伴。例如父母陪伴孩子时总是拿着手机说着工作上的事情，虽然眼睛盯着孩子，心却不知道飞到了哪里去。也有一些情侣看似彼此相偎相伴，实际上却在各自刷手机，看起来貌合神离，又如何能够战胜坎坷挫折和冷清寂寞，度过这漫长的一世呢？随着经济的发展，时代飞速进步，越来越多的人不知不觉间被手机绑架，把大量的时间都奉献给了手机，而忽略了身边的亲人与爱人。不得不说，这样没有陪伴的生活，不会收获真情。

真正好的陪伴，具有疗愈的功能，能够帮助伤心的人忘记那些难过的事情，能够帮助失落的人重新找回自我。陪伴未必要做什么，可以只是安静地坐在他人的身边，默默注视着他人的背影，也可以远远地望着他人，而不去打扰。陪伴因人而异，有的人需要喧嚣的陪伴，有的人需要静默的陪伴，有的人需要身体上的陪伴，有的人需要精神上的陪伴。真正好的陪伴者，能够打开他人的心灵，融化他人心中的坚冰。

恐惧是与生俱来的情绪，在人生中经历各种事情的时候，人们难免会感到恐惧。在这种情况下，只有陪伴，才能消融我们心中的孤独、恐惧和阴暗。原本乌云遮蔽的心空，因为有了陪伴的暖阳照射，变得温暖晴朗，变得令人期待，变得让人流连忘返。看着瞬间明亮温暖的人生，心中也充满了希望。

现实生活中，有些人整日愁眉苦脸，不知道活着的意义是什么，也不知道自己的人生有什么价值。他们如同行尸走肉，每天都做着同样的事情，都带着敷衍了事的态度当一天和尚撞一天钟。有人说，既然哭着也是一天，笑着也是一天，我们为何不笑着度过人生中的每一天呢？我们也要说，既然愁眉不展是一天，精神振奋也是一天，我们为何不神采奕奕地度过人生中的每一天呢？我们只有努力向上，只有坚定不移，只有勇往直前，才能主宰命运，才能驾驭人生。

不可否认，人生不如意之事十有八九，每个人在生命的历程中都会遭遇各种坎坷困境，也会承受形形色色的打击。就像海明威的《老人与海》中桑迪亚哥老人一样，一个人可以被打倒，却不能被打败。尽管桑迪亚哥已经垂垂老矣，但是在与大鱼搏斗的过程中，他从未放弃努力。哪怕辛苦捕捉的大鱼被鲨鱼抢食得干干净净，只剩下一个硕大的骨架，他也没有绝望过。这就是我们生命自身的力量。

说起陪伴，大多数人第一时间就想到要有别人陪伴，或者要去陪伴别人。其实，在感到孤独的时候，我们更需要自己的陪伴；在感到落寞的时候，我们更需要陪伴自己。在好的陪伴中，我们即使孑然一身，也不会觉得孤独；我们即使担心恐惧，也不会畏缩怯懦。因为有了陪伴，我们不再孤单，不再无助，我们可以鼓起信心和勇气面对一切艰难险阻，走过所有看似绝境的人生境遇。

然而，未必有人在身边，我们就能得到陪伴。很多人都有这样的感受，那就是周围的世界明明人声嘈杂，非常喧嚣，但是我们却感到孤独寂寞。从某种意义上来说，正是周围的喧嚣和吵闹，让我们的孤独更加凸显出来。或者，我们身边有一个人，但是这个人并不能给予我们好的陪伴，糟糕的陪伴往往使我们觉得更寂寞。由此可见，陪伴不能仅仅流于形式，而要更注重实质。糟糕的陪伴反而让我们感受到压力，感觉如坐针毡，远远没有独处来得轻松自在，这样的陪伴不要也罢。

反之，如果有好的陪伴，我们又怎么会喜欢独处呢？一个人之所以喜欢独处，往往是因为他们还没有找到真正可以陪伴自己的人。那么，我们如何判断陪伴是好的，还是糟糕的呢？无需询问他人，也无需参照标准，我们只要问清楚自己的心，要相信自己的感受。好的陪伴让我们感到安全踏实，即使彼此之间并没有交流，也不会觉得尴尬；糟糕的陪伴让我们感到紧张不安，即使彼此都在努力找话说，却依然觉得很尴尬，也不能得到安全感，反而会因为感受到压力而内心压抑，也因为如芒在背而恨不得马上就恢复一个人。

不是两个人共处一室，或是身边有人陪着就是得到了陪伴。真正意义上的陪伴，要满足以下的三个条件：首先，你陪着我；其次，我陪着你；最后，我们相互陪伴。在真正的陪伴之中，一定有人在付出，有人在接受，也因为彼此感恩而相互陪伴，这意味着相互付出，相互接受，共同愉悦。毋庸置疑，相互陪伴是最好的陪伴状态，这意味着每个人既是付出者，也是接受者，也意味着这段关系可以更加持久，也始终保持良好的状态。相互陪伴的人往往有着很多共同点，例如有着共同的兴趣爱好，都喜欢看电影，都喜欢看书，都喜欢喝茶，都喜欢远足。他们志同道合，在对于很多事情发表意见和看法的时候能够做到相互契合，相互欣赏。

然而，不管两个人有多少相似甚至是相同之处，他们都不可能完全一样。人与人之间总有共同点，也会存在差异。所以高质量的陪伴未必需要形影不离，而是在需要的时候相互依偎，在不需要的时候又都有各自独立的空间。正是基于这一点，很多彼此相爱的夫妻才会保有自己的独立空间，也都固守着自己的小秘密。与此同时，他们又能够做到坦诚相见，毫无嫌隙，彼此信任，彼此依赖。

在优质的陪伴中，我们还要学会尊重对方的兴趣爱好，不要强求对方改变。很多情侣之间，一方总是缠着另一方，恨不得一天二十四小时在一起，又总是强求对方吃自己喜欢吃的食物，做自己喜欢做的事情，这可真不高明。什么样的爱，会让一个人把自己低到尘埃里，甚至完全放弃了自我呢？民国才女张爱玲因为从小缺乏父母之爱，缺乏家庭的温暖，所以在遇到胡兰成之后把自己低到尘埃里去爱，迷失了自我，最终被践踏得毫无尊严。在一段美好的关系中，我们既不要迷失自我，也不要践踏他人。所谓陪伴，是陪着对方做对方喜欢的事情，吃对方喜欢的食物，感受对方的喜怒哀乐，不对对方妄加评判。

如果爱一个人，就请心甘情愿地陪伴在他的身边。哪怕有一丝一毫的不愿意，也不要因为委屈了自己，就对对方居高临下，满腹抱怨。有的时候，接受他人的陪伴也是一种勇气，尤其是在他人牺牲了自我才来陪伴我们，放弃了自我才能固守在我们的身边时，这份沉甸甸的爱需要鼓起勇气才能接受。陪伴应该是全心全意的，而不是患得患失。很多人一边陪伴着他人，一边计算着自己的得失；一边接受他人的陪伴，一边担心自己未来受不起这份深情厚谊。这样的陪伴掺杂了太多的功利之心和得失之心，已然变了味道。

要想拥有或者给予他人好的陪伴，我们就要做到以下四点。

第一点，要参与。陪伴意味着参与，只是作壁上观的人不是真的在陪伴某人，充其量算是个旁观者罢了。

第二点，要接纳。陪伴他人的前提是我们完全接纳他人，无条件接纳他人，而不要对他人各种挑剔和苛责，更不要试图改变他人，否则就是怀有私心的改造工程，与陪伴毫无关系。

第三点，要以对方为中心。现代社会中，大多数人都习惯了以自我为中心，而理所当然地认为他人都应该围着自己转。不得不说，这样的想法是非常糟糕的，没有谁必须围着谁转，既然我们心甘情愿地要陪伴对方，在陪伴的时间里，就要以他人为中心，这样才能真正的陪伴他人。当与他人产生意见分歧的时候，不要与他人争辩；当与他人有利益冲突的时候，能够礼让他人；当与他人一言不合的时候，能以大局为重，而不是试图说服他人。这才是真正的陪伴。

第四点，多多鼓励他人。每个人都渴望得到他人的认可和赞赏，儿其是在遭遇失败打击的时候，因为心灰意懒，所以人们往往更需要得到他人的鼓励。作为陪伴者，我们切勿对他人雪上加霜，而是应该给他人雪中送炭。知道他人失败了很失意，知道他人急需得到安慰，就竭尽所能地安慰他人，给予他人鼓励，帮助他人再次获得信心，这才是陪伴的意义。必要的时候，还应该给予他人支持，给予他人帮助，这会让他们感受到自己存在的价值和意义，对于他人所起到的鼓舞作用将会非常强大。

好的陪伴要做到这么多，所以好的陪伴不是人人都能给的。只有内心充实、心怀宽容，我们才能给予他人好的陪伴。一个心思狭隘的人即使勉为其难地陪伴他人，也会怨声载道，这就让陪伴失去了意义。而每个人都是世界上独一无二的生命个体，每个人都不可能得到他人24个小时的陪伴。要想不孤独，不寂寞，我们终究要学会自己陪伴自己。

学会拒绝

和乐于助人相比，拒绝是更重要的。因为一个人的时间精力是有限的，哪怕力所能及，也无法帮助所有的求助者，也不可能把自己所有的时间和精力都用于帮助他人。现实生活中，有很多老好人不懂得拒绝。面对他人的不情之请，他们明知道应该拒绝，也冲动地想要拒绝，却总是话到嘴边又咽下，勉为其难地接受了他人的请求，导致自己非常被动。如果牺牲了自己的利益能够成全别人，就不是最坏的结果。最坏的结果是，答应了别人的请求却没有做到，不但付出了很多，还因此被他人责怪，这就是典型的得不偿失了。

每个人生存在这个世界上都有各种各样的需求。对于能够自我满足的需求，我们会尽量满足自己；对于不能自我满足又必须满足的需求，我们就会求助于他人。一个人即使能力再强，也不可能完全做到自给自足，所以求助是常态。求助于他人，我们或者得到帮助，或者被残忍地拒绝。得到帮助，我们感到很开心；被残忍拒绝，我们固然感到失落，却也对他人无可指责。

当被他人求助的时候，我们的角色马上就发生了改变。我们变成了被求助者，是选择对他人伸出援手，还是选择拒绝他人的请求，这取决于我们的主观意愿，我们的能力和实力，也取决于他人求助我们的方式。有人求助于他人时理直气壮，使求助者恍惚之间产生了错觉，认为自己是没有理由拒绝的；有人求助于他人时会诉说自己的困难，表现出可怜的姿态，让人不忍心拒绝；也有人求助于他人时先允诺回报，告诉别人自己深知他人的情谊，也绝不会忘了他人。不管他人以怎样的方式求助于我们，我们都会感到很为难，因为帮助他人必然需要付出。如果付出了就能解决问题，那么我们还能充当热心肠的好人；如果付出了非但不能解决问题，还会给自己惹来麻烦，那么我们必然要权衡一番。

现实生活中，需要帮助的人太多。当他人的不情之请让我们感到为难时，我们要想进行自我保护，最好的方法就是拒绝他人。也有些人明知道自己提出了不情之请，还摆出一副理直气壮的架势，这样的求助者也让我们不想伸出援手，那么也可以拒绝他。

说起拒绝他人，很多朋友都会感到为难。其实，他们之所以一次次地接受他人的不情之请，就是因为觉得拒绝比帮忙更难。要想做到拒绝他人，又不至于得罪他人，我们就要学会拒绝的方法，掌握拒绝的艺术，这样才能让拒绝起到预期的效果。

第一种方法：列举自身的困难，表达心有余而力不足的遗憾。在拒绝他人的请求时，我们应该列举自己的实际困难，切勿让对方觉得我们有能力而不愿意帮忙，否则就会伤害对方，让对方与我们反目成仇。

第二种方法：给对方戴高帽，放低姿态，表示自己不如对方。即使拒绝他人，也不要摆出一副高高在上、居高临下的样子，而是要放低姿态，让对方知道我们远远不如对方，所以才会拒绝对方。这样一来，对方即使被拒绝，也会因为得到了赞美而更容易接受。

第三种方法：告诉对方你承受不起帮忙的代价。一个人即使再不讲道理，也不能强求对方为了帮助自己而牺牲利益。帮忙就是帮忙，帮了是人情，不帮是公道。如果我们为了帮助别人而损害了自己的利益，而且这种损失是我们所不能承受的，那么对方就应该主动收回不情之请。

第四种方法：对于死缠烂打的求助者，可以直截了当地拒绝，不要给对方希望。现实中，总有些人求人帮忙理直气壮，而且在被对方拒绝之后还会继续纠缠。对于这样厚脸皮的求助者，与其找那么多理由和借口，让对方觉得还有可乘之机，不如坚决拒绝，让对方彻底死心，这样对方下次就不会再来烦扰你啦。

人们常说，看菜吃饭，量体裁衣，拒绝他人也要因人制宜，这样才能起到最好的拒绝效果。对于自尊心强的人，我们可以做到响鼓不用重锤；对于厚脸皮的人，我们要不留情面地拒绝；对于有感恩之心的人，哪怕付出的代价很大，我们也应该尽量帮助对方；对于理直气壮求助且没有感恩之心的人，我们有了一次教训之后，下次就无需再全力帮忙啦！

除了以上的几种拒绝方式之外，我们还可以进入更高的拒绝境界，那就是反提要求。例如朋友和你借钱，你可以反提要求："哎呀，真不巧，我最近也买房了，还想和你借钱凑首付呢！"听到你的这个要求，朋友马上就会想到是否应该借钱给你。如果他愿意借钱给你，那么他就能理解你买房缺钱的现状；如果他不愿意借钱给你，那么他又有什么资格和理由来找你借钱呢！反提要求，让我们进入拒绝的更高境界，也逼得对方不得不设身处地站在我们的角度来思考问题，从而让对方即使被拒绝也不心怀怨恨。这是更高明的拒绝方式，也会起到很好的拒绝效果。

很多人不好意思拒绝，所以思维始终局限在如何拒绝他人方面。当转换思维，以退为进，我们就可以对他人提出请求，从而让他人主动收回自己的不情之请。对于不同的人，我们也应该采取不同的拒绝方式，做到因人制宜，灵活拒绝，才能让拒绝不伤感情，并且达到预期的效果。

如何处理矛盾、失望和疏离

人际关系的本质是什么？从理想主义的角度来说，是愉悦自己和对方。然而，理想总是丰满的，现实总是骨感的。在我们怀着建立良好关系的愿景与他人相处时，我们只是偶尔愉悦自己和对方，更多的时候，我们会与他人之间产生矛盾，由此而感到失望，甚至疏离一段关系。没有人可以让所有人都感到满意，也没有人会喜欢自己遇到的每一个人。在人际相处的过程中，矛盾的产生是不可避免的，随着矛盾而生的，是我们对对方感到失望，是我们对一段关系感到愤怒，是我们因为满心委屈而疏离某个人或者某件事情。如果关系不能当即就解除，例如亲子关系、夫妻关系，那么为了维持这样的关系，我们会在情绪波动之中与对方发生激烈的争执。即使几十年相濡以沫的老夫妻，即使是最爱孩子的父母，在关系恶化到极致的时候，也会忍不住想要逃离，想要默默地离开。这就是因为对关系感到绝望。

在人际关系中，最难以忍受的是什么？每个人都会给出不同的答案，毋庸置疑的是，当我们对他人感到失望，我们很难与他人之间继续维持良好的关系。失望，会蚕食一段原本很亲密美好的关系，甚至导致关系的彻底破裂。

在萨提亚课程中，有很多人都说自己的愤怒源自失望。例如父母因为对孩子失望，所以打骂孩子；夫妻之间，因为对对方失望，所以动了离婚的念头；朋友之间因为没有得到想要的关爱和照顾，所以不愿意继续和对方保持友好的关系。现实生活中，太多的人是因为对对方的某个特点或者某种行为失望，对对方的印象一落千丈，与对方渐行渐远。虽然有的时候我们从理智上依然关心对方，依然想与对方亲近，甚至积极地想要修复这段关系，但是因为失望，我们会冲动地想要离开对方。

那么，一个人为何会对另一个人失望呢？还记得小时候，我们的快乐那么简单纯粹，我们只要得到很少，就会感到满心欢喜。但是随着不断成长，我们对人和事情的要求越来越高，我们幻想着能够结交好友，找到知己。因为内心的期望越来越多，希望越来越大，所以我们越来越容易感到失望。失望是有前提条件的，那就是先寄予了希望。对于陌生人，我们不会对他们寄予希望，所以不管他们真正的表现如何，我们都不会对他们感到失望。人们常说，爱之深，则责之切，同样的道理，希望越大，失望也就越大。

人人都幻想着宇宙能够以自己为中心，人人都幻想着得到所有人的瞩目。在一厢情愿之中，我们与世界建立了情感连接，正是因为如此，我们才对一切感到失望。也因为对于未来怀有太大的希望，所以我们不知不觉间对于一切都理想化了。我们不切实际地幻想，我们脱离实际去憧憬，而等到那些虚无缥缈的感情或者关系落在实处时，我们未免会大失所望。要想避免失望，我们就要努力客观地看待很多人和事情，就要怀着更加包容的心态去面对生命中的成败得失。

很多人不仅会对他人感到失望，也会对自己感到失望。他们对于自己也寄予了殷切的期望，他们希望自己能够保持进步，出类拔萃，战胜一众对手，脱颖而出。然而，山外有山，人外有人，我们总是遗憾地发现，不管我们多么努力，总有无法到达的巅峰。既然我们不能做到如愿以偿，那么我们就要学会接受。只有接受，才能帮助我们更加宽容地面对一切，也只有接受，才能帮助我们更加从容地应对一切。

首先，我们要学会接纳。所谓接纳，一定是无条件的。这是一个唯物主义的世界，任何人靠着唯心的思考，都不能改变世界。如果由此进入与世界的对抗状态，那么我们就会感到失落，就会自我怀疑，就会否定自己。正如人们所说的，接受不能改变的，改变可以改变的。面对客观存在的世界，我们要学会调整自己的心态，从而更加宽容，更加从容。无条件接纳那些不能改变的，不挑剔，不苛责，不抱怨，我们就不会失望。

其次，怀着宽容的态度生活。对于每个人而言，生活中都有很多不尽如人意的地方。事情不会始终按照我们的设想去发展，我们遇到的每个人也都不是完美的，我们也不会完全喜欢他们。那么我们就要放下计较的心，学会宽容，一件事情既有好的结果，也有坏的结果，一个人既有优点，也有缺点。怀着这样宽容的心，我们既原谅了世界，也放过了自己。

再次，我们要为自己去做好每一件事情。很多时候，我们会为了别人去做一些事情，那么在做事情的过程中，我们会不停地暗示自己“我是为了谁”。当我们全力付出却没有得到想要的回报时，我们就会感到很失望。其实，我们会做每一件事情都应该是为了自己，至少应该出于本心。这样不管结果好坏，我们都是给自己交代，也就不会因为失望而对别人心怀不满了。

最后，我们要勇敢地付出情感。当感到失望的时候，我们就会情不自禁地启动情感隔离状态，让自己变得麻木。实际上，为了减少失望的次数，为了与对方产生情感的共鸣，我们与对方都应该投入这段情感，一起经历失望，一起感同身受，这对于我们与他人之间建立良好的关系，加深彼此的感情都是有好处的。最重要的是，当对方看到我们的失望并努力做得更好，我们就会从失望到满足，从而与对方更亲密。在此过程中，我们还有可能意识到自己的要求对于对方而言的确太高了，因而适度地降低要求，与对方更好地相处。

金无足赤，人无完人。我们即使看到了他人的缺点和不足，也要尽量包容和理解他人，这样我们才能看到真实的他人，也才能接纳真实的他人。在此基础之上，我们要有火眼金睛，要看到对方的好，既享受对方带来的快乐，也承受对方引起的痛苦。这样的全盘接纳，才能做到不失望，更希望。

坚持真正的付出

记得很久以前看过一篇文章，意思是说给予比索取更快乐，手背朝上比手心朝上更快乐。我们要乐于付出，而不要总是索取。尤其是在人际关系中，一个人如果只知道索取，而从来不会付出，那么这样的关系就是不对等的，也就不能保持长远。一段健康的关系中，依然有人在坚持真心付出，也一定有人在心怀感恩地接受，并且寻找机会给付出者一些回报。中国向来讲究礼尚往来，其实就是付出与回报的关系。

所谓付出，从字面的意思来理解，就是为了某件事情或者某个人去做些什么，最终某件事情或者某个人会给我们带来一些结果，这些结果就是所谓的回报。看上去，付出与回报之间是有关联的，但是它们之间的关联并不像我们所想的那么紧密，这种关联并非绝对相关。这是因为在现实生活中，有的时候付出了未必有回报，有的时候无心插柳柳成荫，反而得到了意外的回报。

现实生活中，很多人都怨声载道，觉得自己付出了很多，却没有得到回报。不得不说，这些人之所以抱怨，是因为他们并不知道付出与回报之间真正的关系。从本质上而言，一切的付出都有回报。例如我们乐于助人，满足的快乐就是最好的回报；我们努力奋斗，得到的结果不管是成功还是失败，从中汲取的经验和教训都是回报。很多时候，不是付出没有回报，而是付出没有得到我们想要的回报，而我们也因为思维的局限，导致没有认识到自己的付出得到了什么。在付出与回报之间，也不存在对等的关系。有的时候，我们付出了很多，却得到了很少；有的时候，我们付出了很少，却得到了很多。所以我们要调整好心态，才能正确认知付出与回报，也才能平衡付出与回报之间的关系。

那么，我们为何要付出呢？因为我们受到两种力量的驱动，一种是内部驱动力，一种是外部驱动力。举个简单的例子，我们对学习付出，内部驱动力是我们知道读书是为了自己，也为了拥有大好前程。在内部驱动力的驱使之下，我们坚持奋斗，刻苦勤学，最终改变了命运。还有一种是外部驱动力。例如在很多家庭里，父母为了激励孩子认真学习，会给孩子物质和金钱的奖励。渐渐地，孩子就会认为自己学习是为了父母，甚至以学习要挟父母，或者与父母谈条件。这样一来，孩子就不会发自内心地热爱学习，也就不会主动学习，在学习方面自然不会有更好的表现。

当我们拥有内部驱动力，我们对于学习就会主动起来，心甘情愿去努力。当我们受到外部驱动力的驱使才学习，我们对于学习就会很被动，必须得到外部力量的驱使，才愿意努力奋进。显而易见，内部驱动力是更为持久的强劲动力，而外部驱动力则是不那么可靠的，或者说外部驱动力只能维持很短的时间。

很多人在付出而没有回报，或者没有得到预期的回报时，就会陷入愤怒的状态，想不明白自己这么辛苦努力，为何没有得到想要的结果，也没有得到他人的认可。在这些负面情绪的影响下，他们自然不能坚持继续付出。其实，要想做到无怨无悔地付出，我们就要做到两点。

第一点，我们要心甘情愿地付出。

第二点，在付出之后，我们不要斤斤计较，而是要无怨无悔。

实现了这两点，我们就从外部驱动力转化为内部驱动力，我们会意识到我们是否做一件事情与事情的结果没有必然联系。当我们真心想做一件事情的时候，不管结果如何，我们都不会后悔；当我们不愿意去做一件事情的时候，哪怕结果充满诱惑力，我们也不会勉强自己去做。从本质上而言，内部驱动力意味着我们只为自己去做一些事情。这样的心甘情愿，使我们在付出的时候甚至不觉得辛苦，因为一切都是我们所愿。

真正的付出，一定是源于内部驱动力的付出，这样的付出无怨无悔，这样的付出不会因为结果而发生改变。

曾经，有个老人搬到新家居住。他的房子正对着小区里的中心花园，视野开阔，景色优美，每次往窗外看去，老人都觉得心情大好。因为中心花园地方开阔，所以很多孩子都聚集在这里玩耍。尤其是在中午的时候，老人想要午睡，也被孩子叫喊得无法入睡。思来想去，老人想出了一个好主意。

老人拿了很多糖果分给孩子们吃，对孩子们说：“孩子们，希望你们经常来这里玩。我一个人居住，特别孤独，听着你们玩闹的声音，我就不那么孤独了。”此后，老人每天都给孩子们带好吃的。一段时间之后，老人对孩子们说：“孩子们，如今经济不景气，我的退休金收入也少了。以后，我就不能给你们带好吃的，你们还愿意每天来陪伴我吗？”此时此刻，孩子们全然忘记了他们是因为喜欢才来中心花园玩耍，而是很不满意地说：“大中午的太阳那么毒辣，我们为何要来这里陪你啊，你又不给我们什么好处！”这次之后，孩子们再也不来中心花园玩耍了，老人终于可以安安稳稳地睡个午觉了。

在这个事例中，老人就把孩子付出的内部驱动力转化为外部驱动力，那就是获得糖果。等到老人不再给孩子们糖果时，孩子们也就不愿意再来花园里玩耍，更不愿意帮助老人驱散寂寞了。付出就是如此神奇，动机的改变让付出的行为和结果都发生了改变。

当然，有的时候，内部驱动力不足，我们也可以借助于外部驱动力去做成一些事情。但是在绝大多数情况下，只要有内部驱动力，就不要轻易转化为外部驱动力。有人说，爱能创造奇迹，就是因为爱是人们发自内心想要做出的行为，所以人们才有足够的力量去坚持。很多相爱的人即使面对各种艰难的困境，甚至身处绝境，都能做到不抛弃不放弃，就是神奇的爱在发挥作用。

真正对他人付出，不应该以自己的喜好为标准，而是应该明确对方真正想要的是什么。举例而言，一对老夫妻，妻子喜欢吃鱼头，丈夫喜欢吃鱼尾。自从结婚之后，每次吃鱼，妻子都把自己最喜欢吃的鱼头给丈夫，丈夫呢，则把自己最喜欢吃的鱼尾给妻子。他们就这样过了一辈子，一直吃着自己不喜欢的鱼头鱼尾。真正的付出，不仅仅是把自己认为好的给对方，而是要知道对方真正需要什么，要想方设法满足对方的需求。真正的付出，不仅仅是享受付出的过程，而且也想要得到结果。只有过程与结果的双重愉悦，这样的付出对于双方而言才都是恰合时宜的，才都是彼此真正需要的。

第四章

回首原生家庭：爱是最好的疗愈圣药

原生家庭对人的影响有多大，通过一部红遍大江南北的电视剧《都挺好》，我们即使作为心理学的门外汉，也对此有了粗浅的认知。那么优秀的苏明玉，就因为从小在家庭生活中不被关爱和重视，一直活在阴影中无法走出来。对于原生家庭造成的很多伤害，我们还是要回归原生家庭，才能给自己疗伤，我们只有得到一直渴望而不得的爱，才能满足自己空虚的心灵。

家庭对人影响深远

人人都知道，父母是孩子的老师，父母的一言一行、一举一动都会对孩子产生影响，都会给孩子的成长留下深刻的烙印。却很少有人知道，孩子是父母的镜子。每天早晨起床之后，我们对着镜子整理发型，精心修饰形象，当看到镜子里自己的脸上有一块污渍时，我们是擦拭自己的脸，还是擦拭镜子呢？几乎所有人的做法都是擦拭自己的脸。在排除自己的脸上有污渍之后，接下来要做的才是擦拭镜子。所以作为父母，当对孩子的表现不满意时，切勿急于批评孩子，而是要学会反思自己。孩子的很多问题根源都在父母身上，作为父母，要有反思的精神，要时时刻刻反省自己做得好不好，是不是一个够格的父母，才能当好父母，当合格且优秀的父母。

新生命从呱呱坠地开始，就在家庭生活中成长，就要依赖父母的爱与关照生存。如果说家是每个人温馨的港湾，那么父母就是孩子天空的支柱，给孩子支撑起广阔的一片天。我们说家对孩子的成长影响深远，不如说为孩子构建家庭的父母对孩子影响深远。很多孩子或者崇拜父母，不知不觉间向着父母学习，或者讨厌父母，总是与父母对着干，但是不管怎样，他们最终都活成了像他们的父母一样的人。他们的一言一行、一举一动，甚至连说话的语调、眉眼间的神色都与父母一模一样。由此可见，家庭和父母对孩子的影响是无法估量的。纵观所有人的一生，都不曾彻底摆脱家庭和父母对自己的影响。正是因为如此，萨提亚才说，家庭塑造了人，人是由家庭塑造出来的。

曾经有人质疑萨提亚模式，认为作为家庭治疗学派，萨提亚模式把一切都归结于原生家庭，也认为所有问题都可以在原生家庭中得以解决，并不合理，也不科学。还有些人认为，自己根本不像父母，身上也没有父母的影子。这么说的人，一定还没有意识到自己与父母有多么相似。他们或者因为年轻，还没有机会特别像父母。有些人直到成年之后，当了父母，才发现自己和父母有多么相像。也有很多人不愿意承认自己很像父母，是因为他们发自内心地想要摆脱原生家庭带来的影响。

孩子从一出生就在父母身边生活，他们并没有机会看到单身状态的父母，所以他们发现单身的自己和成家的父母不像。而等到有朝一日自己也组建了家庭，当了父母，他们和父母扮演着同样的角色，这才惊觉自己真的和父母很像。此时此刻，很多孩子都会感慨：长大后，我就成了你。

也有些孩子不认为自己很像父母，似乎因为他们不愿意看到自己很像父母，也有可能是因为他们是当事人，所以不能把自己和父母都看得很清楚。让一个旁观者来看，孩子真的和他们的父母很像，不管是脾气秉性，还是为人处世的作风，甚至连发脾气的样子，都极其相像。有些孩子虽然很讨厌父母，却依然很像父母，是因为父母对孩子的影响是潜移默化的，所以孩子很难对抗这样的影响力。

大多数人都是家庭的翻版，都是父母的复印件。如果孩子本身很崇拜父母，尚且还好，如果孩子本身不认可父母，那么未免会感到很失落。在家庭关系中，以孩子出生为界。在孩子出生之前，夫妻之间是双边关系，有任何问题只牵涉到两个人。有了孩子之后，双边关系变成了三角关系。学过几何的人都知道，三角形是最稳固的图形，三角关系是最稳固的关系。在家庭生活中也同样如此，父母和孩子之间相互影响，相互制约，也正是因为孩子的出生，家庭系统才实现了平衡。

在三角关系中，偶尔也会出现结盟的情况。为了把孩子变成自己的同盟军，很多父母都会拉拢孩子，让孩子与自己站在同一战壕，与另一方对抗。其实，这是很不明智的做法。因为不管孩子选择和爸爸还是和妈妈站在同一战壕，都意味着对另一方的背叛。很多夫妻离婚的时候闹得沸沸扬扬，还会让孩子选择和爸爸或者和妈妈生活，这对孩子而言是很残酷的，也是一种严酷的考验和痛苦的煎熬。

也有的夫妻之间关系亲密，感情深厚，即使没有孩子，也以跷跷板的状态保持平衡。反而是孩子出生之后，打破了这种平衡关系，使得一方把更多的时间和精力用于照顾孩子，而另一方对此心怀不满。通常情况下，作为妈妈会更多地关爱孩子，让丈夫心怀不满。

即使在整个宇宙间，平衡也是至关重要的。在三角关系中，每一个家庭成员都试图让这种关系维持平衡，也都努力争取做到更好。虽然未必每个人都在有意识地这么去做，但是现状就是如此。具体来说，要想保持三角关系的稳定，每个家庭成员就要保护好自己的界限，也就是说既要做好自己，也要融入家庭生活中，成为家庭成员的一员。从本质上进行剖析，这要求每个家庭成员都保持好与他人之间的距离，也能够拥有整体感。有人说，家庭就是一个小小的社会，这是很有道理的。家庭虽小，五脏俱全，家庭也是一个生态系统，家庭的生生不息离不开每个成员的努力。

在家庭生活中，因为父母过度溺爱孩子，尤其是妈妈总是代替孩子做很多事情，所以妈妈与孩子之间往往会缺乏界限感。界限感的缺失，让妈妈与孩子宛如共生体或者联合体，常常以一体的形象出现。现代社会上，有很多孩子过度依赖妈妈，被称为妈宝，就是因为他们在精神上还没有断奶呢！为了培养孩子独立的能力，为了让孩子更加独立自主，妈妈要学会对孩子放手，把孩子的事情交还给孩子，这样孩子才能得到历练，也会更快乐地成长。有的时候，不是孩子离不开妈妈，而是妈妈离不开孩子。妈妈习惯了无微不至地照顾孩子，也习惯了孩子对自己百般依赖和顺从，谁说妈妈的代劳中没有包含掌控的意味呢？只有懒惰的妈妈才能养出勤快的子女，一则是因为懒惰的妈妈给了孩子更多的机会去锻炼和成长，二则是因为懒惰的妈妈对子女放权，希望孩子快快长大。

弗洛伊德提出了共生概念，形容一两个或者更多的个体之间形成了强烈的依恋关系，因而彼此之间的界限变得模糊。在很多缺乏界限的家庭里，不仅大家庭之间会界限模糊，家庭的子系统中也会出现界限模糊的情况。健康的家庭系统应该是各自独立，相互关联，独立运作，界限明确的。这与细胞膜的生存状态很像，如果细胞膜过薄或者过厚，都会影响细胞核与外界的能量交换，家庭也是如此。

如何在家庭系统中维持生态的平衡，这是一门技术，也是一门艺术。家庭成员之间界限松散，就会导致家庭成员关系疏远，很容易被外人入侵；家庭成员之间界限模糊，关系过于亲密，不分彼此，也不利于家庭成员保持独立性，会给家庭生活带来很多困扰。只有保持适度的距离，既彼此独立，又彼此依靠，才是最理想的家庭关系。

要想维持良好的家庭关系，要想让家庭对孩子的成长发挥积极的影响力，父母就要对孩子放手，把孩子的事情交还给孩子去完成。即使孩子犯了错误，也不要过度指责与抱怨孩子，而是要多多激励孩子，让孩子越挫越勇。孩子如果表现得很焦虑，父母要反思自己是否对孩子过度保护、过度干涉和过度安排了。当父母事无巨细都代替孩子去做，孩子怎么能长大呢？父母的溺爱是对孩子最大的伤害，这个道理适用于所有家庭。在家庭生活中，还要保持序位。家庭中尊老爱幼，长幼尊卑，是一定要区分的。这不是封建的教育思想，而是正确的家庭序位。在家庭生活中，如果序位颠倒，父母与孩子之间的界限就会很混乱。

除了要把孩子的事情还给孩子之外，父母还要给予孩子应有的关注和照顾。很多父母因为忙于工作，不能和孩子在一起生活，或者即便和孩子在一起生活，陪伴孩子的时间也很少。这会让孩子感到内心缺失，也会缺乏爱，缺乏安全感。

在家庭生活中，父母和孩子都要各司其职，各在其位。那么家庭作为一个整体，还要有家庭的文化和精神。父母要为孩子营造充满爱和自由的环境，要尊重和平等地对待孩子，也要以身示范，给孩子树立更好的榜样。在家庭生活中，父母对孩子开展家庭教育，言传大于身教。

对于家庭系统，萨提亚会评估家庭的封闭或者开放程度，从而了解家庭系统在顺序和秩序上是灵活还是刻板。萨提亚认为，人对世界的感知可以分为成长模式和等级模式。如果家庭系统倾向于封闭，则意味着家庭内部等级森严；如果家庭系统倾向于开放，则意味着家庭内部更加民主。在封闭的家庭系统内，父母会扮演权威的角色，奖励孩子表现好的地方，惩罚孩子表现不好的地方。而在开放的家庭系统里，父母更尊重孩子，家庭成员之间保持平等的关系，每个人都可以自由地改变，也可以实现自身的价值。

家庭生活应该坚持成长模式，坚持人人平等，人人自由，人人都有权利表达自己，都有权利进行选择。这样的家庭系统，被萨提亚称为“种子或功能良好的模式”，这意味着家庭系统中的能量都可以用于成长，而无需消耗在维持结构方面。如果说封闭的家庭系统以规则至上，那么开放的家庭系统则以人至上。在开放的家庭系统中，家庭成员彼此关爱，彼此宽容，彼此谅解，更关注对方的感受，而不会盲目地遵守规矩。在开放的家庭系统里，规矩是死的，人却是活的，所以人可以根据需要调整规矩，让家庭生活更友善，更加充满正能量。

萨提亚成长模式坚持认为，所有人都具有一种潜力，能从爱与善之中获得完整性。在家庭生活中，我们也应该有这样的认知，更要坚持这样的信念，这样我们才能让家庭生活发挥积极的影响力，为我们的成长提供强大的助力。

父母已经竭力做到最好了

很多人都生活在原生家庭带来的阴影中，为此他们耿耿于怀，不愿意对父母曾经的做法释怀，也不愿意原谅父母，这样一来，就更是把自己囚禁在原生家庭看不见的监牢之中，无法挣脱，无从逃离。尤其是在孩子们长大成人之后，再回过头去看父母曾经的选择和决定，往往更难以理解父母，不知道父母当初为何要这样对待自己。其实，我们都忽略了一个现实，那就是父母在当时的情境中已经竭力做到最好了。当我们意识到这一点，我们就不会抱怨父母，也不会对父母始终怀恨在心了。

每一个人不管做出怎样的选择，除了出于本心之外，还有一个重要的原因，那就是要根据事情发生时具体的情况权衡利弊。太多人站在现在的角度上去评判父母曾经的做法，这本身就是不合理也不公平的。如果换作自己处于父母当时的处境呢，自己又会怎么做？虽然我们不管怎么设身处地也不可能完全理解当时父母的心境，但是这样去想，总比从主观角度出发揣测父母来得更好。

从今天来看，父母当时的很多做法的确特别糟糕，也不合理。但是，几十年过去了，人的思想观念在不断地发展变化，对于很多事情的认知也变得更加深刻。几十年的时光啊，世界都发生了翻天覆地的变化，更何况是人呢？而且，父母从他们的父母那里得到了怎样的对待，我们也无从得知。人们常说，冤冤相报何时了。和父母相处，也是同样的道理。如果我们总是指责父母，不愿意原谅父母的错误，那么我们就会始终生活在对父母的抱怨之中，身心俱疲。人总是要向前看的，当我们向前看了，很多事情也就会从如鲠在喉到不值一提，我们既原谅了父母，也放过了自己。

佳敏已经三十六岁了，有自己幸福的三口之家，有爱她的丈夫，有乖巧可爱的孩子。虽然她每隔一段时间就会回去看望父母，但是她与父母的关系很疏远，尤其是与父亲的关系更是剑拔弩张。这一切都是因为童年时期悲惨的生活经历。

原来，佳敏的父亲是个酗酒者，是不折不扣的酒鬼。他几乎每天都是醉醺醺的，回到家里不是打人就是骂人，还常常搅和得家里鸡犬不宁。小小年纪的佳敏曾经无数次设想过：要是妈妈和爸爸离婚就好了，我宁愿没有爸爸，也不想有这样的爸爸。的确，这样的爸爸有还不如没有，但是他就是这样存在着。直到佳敏结婚生子，父亲也依然酗酒。后来，父亲检查出食道癌和肺癌，因为贪生怕死，这才当即戒掉了烟酒。看到父亲这样的表现，佳敏对父亲更不屑一顾。她常常想：父亲可真是个自私的胆小鬼，给全家人带来这么多痛苦，却从来没有戒酒，现在看到酒要要他的命了，就马上戒酒了。世界上，还有谁的父亲会这么自私呢？

经过治疗，父亲元气大伤，身体大不如前。也许是人之将死其言也善吧，父亲一辈子性格暴躁，对自己的孩子毫无耐心，现在对佳敏的孩子却特别疼爱，每天都带着孩子一起玩，细心地照顾孩子。有一天，佳敏回到家里，看到孩子睡着了，父亲正在给孩子扇扇子，她忍不住号啕大哭："为什么，为什么现在你才像一个父亲？为什么，为什么你以前从来不这样呢？” 父亲为没有给佳敏一个快乐的童年真诚地向佳敏道歉。佳敏终于释然，她不再指责父亲贪生怕死，不再执着父亲曾经的劣迹，她发自内心地希望父亲能够健康长寿，看着第三代人茁壮成长。

原谅了父亲，佳敏的眼睛不再被蒙蔽。她意识到父亲虽然大半生都在酒精的胁迫下度过，但他还是努力工作，赚钱养活了孩子，还想方设法供养孩子们上大学；她意识到父亲虽然在喝醉了之后不疼爱他们，但是在偶尔清醒着的时候，还是百般呵护他们。也许，父亲作为一名落魄的高中生，和大字不识一个的妈妈度过了一生，内心也不甘的吧。那个时候，虽然没有共同语言之说，但是父亲已经极其隐忍，极其坚持了。如此想来，佳敏知道了父亲已经竭尽全力做到最好了，所以她再也不怨恨父亲，她想尽到一个女儿的本分，给父亲更幸福的晚年生活。

有太多的成人心中都住着一个没有长大的小孩，这个小孩从未得到父母的宠爱，从未得到自己想要的陪伴，因而时时哭泣，让人不能安然。如果我们始终逃避这个小孩，我们始终不敢面对童年，那么我们就会迷失自我，穷尽一生也无法面对自我。我们只有揭开伤疤，释放这个小孩，我们只有与父母和解，才能拯救自己的童年。

不管是为了竭力做到最好却依然被抱怨的父母，还是为了始终心有不甘的自己，我们都应该选择直面，选择放下。人们常说，不经历无以成经验，如果没有过往的一切，就不会有今天的我们。台湾作家席慕蓉曾经说过，每一条来时的路都有必须跋涉的理由，不管这个理由是什么，都支持我们朝着既定的方向坚持走下去。

萨提亚模式作为家庭治疗模式，之所以能治愈无数来自原生家庭的心灵创伤，就是因为萨提亚相信，不管父母在当时做出了怎样的选择，他们都一定坚持做到最好了。有些孩子从出生就被父母送到爷爷奶奶或者姥姥姥爷身边长大，与父母感情淡漠，关系疏远，也有些孩子因为家里有更小的孩子出生，被选择送给亲戚或者送给陌生人抚养，从此离开了家，开始了漂泊的一生。等到长大了，他们知道自己是家庭的遗弃儿，他们怎么能不怨恨父母呢？他们想不明白父母为何不把其他兄弟姐妹送走，而偏偏就把他送走了，他们不能原谅父母，不能宽宥父母。在无数次扪心自问中，他们对父母的怨恨越来越深，却忘记了父母给了他们一条生命，父母竭尽所能给了他们更好的安排。我们要跳出事件本身的局限，也要超越自身狭隘的视野，突破自己并不那么理性的感受，才能更从容地接受和面对这一切。

不要活在过去

人生看似漫长，实际上只有短暂的三天，即昨天、今天和明天。昨天已经过去，成为不可改变的历史；明天尚未到来，我们无从决定明天会以怎样的面貌出现在我们的生命中；只有今天，才是当下，才是我们可以把握的。偏偏有很多人都活在过去，因为自己曾经做得不好，导致今天不如意；因为自己曾经不够成熟，所以才会拎不清轻重缓解。不管因为什么原因错过了昨日，我们现在再来追悔莫及，还有意义吗？如果我们把唯一可以把控的今天用来抱怨和责怪自己，那么我们不但错过了昨天，还将荒废今天，而一旦我们荒废了今天，我们的明天也就变得无法掌控。因为每一个明天都以今天为基础，每一个昨天都是今天的代名词。所以我们切勿再活在过去，而是要从当下开始就努力把握今天。只有充实地度过每一个今天，我们才能打造无怨无悔的昨天，才能拥有值得期待的明天。哦，原来在短暂的三天中，今天起到承上启下的作用，是我们必须牢牢把握，且不可错过的啊！

对于人生，我们固然要做加法，要争取把更多的事情做好，却也要学会做减法，对于不可掌控或者无法改变的一切，采取释然的态度，不要始终活在过去的阴影中。那些从未得到满足的一切，我们已经没有机会再去满足了；我们只有及时放下人生的遗憾，才能轻装上阵，轻松前行，也才能给自己更美好璀璨的未来。

现实生活中，太多的人都在说一句话：过去的就让他过去吧。这句话说起来很简单，人人都能说，但是真正能够做到这一点的人，却少之又少。尤其是对于童年生活的一切，作为成人的我们，真的没有必要将其藏在内心的某个角落中，时不时地就进行反刍，这么做除了给自己徒增烦恼之外，还有什么用处呢？放下，也是人生的大智慧。

作为家里排行老二的女孩，郡郡一直都难以释怀。原来，爸爸妈妈为了再生个男孩，原计划把郡郡送人，爷爷奶奶舍不得，就把郡郡接到身边养大。后来，爸爸妈妈又生了一个女孩，第四胎才生了个儿子。虽然在爷爷奶奶身边长大，并没有离开家，但是郡郡从来都认为自己是被遗弃的。即便长大成人，成家立业，爸爸妈妈也从来不关心郡郡，这让郡郡更是心灰意冷。

巧合的是，郡郡的丈夫小王也是家里的第二个儿子。他的父母把大儿子和小儿子都带在身边，唯独把二儿子给了爷爷奶奶养育。和郡郡的爷爷奶奶都有退休金不同，小王的爷爷奶奶可没有退休金，爸爸妈妈又不给任何抚养费，所以爷爷奶奶只好把其他儿子给的赡养费用来养育小王。据说，小王上学期间经常饿得头昏眼花，眼冒金星。后来，小王尽管知道爸爸妈妈在哪里，却从来不去找爸爸妈妈。

这样的夫妻俩组建了家庭之后，都很要强，都很缺乏安全感。他们不愿意把钱交给对方保管，就只好采取AA制，就连生孩子的费用都是AA的。随着孩子一天天长大，花钱的地方越来越多，继续AA显然算账都很麻烦，郡郡提出由她掌管家庭财政大权，小王一口回绝了。但是，郡郡也不愿意让小王掌管家庭财政大权，为此，他们吵了很多次都无果。后来，小王提出再要一个孩子，郡郡拒绝了。她说："你都不放心把钱给我管，我凭什么要再给你生一个孩子？我生孩子还要自己花钱生，我和未婚先孕还不知道孩子的爸爸是谁的女性有什么区别。我看，这个孩子也可以送人，要不就送给你爸妈养着吧。我不想当免费的保姆。"这一次，他们吵闹得很凶，甚至提出了离婚。

有一个朋友是心理咨询师，也是婚恋专家。得知郡郡和小王闹离婚，朋友赶来劝和。朋友一语中的："你们俩都没有问题，但是你们俩都活在过去。你们已经不是那个被抛弃的孩子了，你们有能力组建家庭，也有能力抚养孩子，为什么非要用过去的不快逼得自己失去已经拥有的这一切呢！"在朋友的主持下，郡郡和小王开诚布公地交流，他们全都痛哭流涕，尤其是一想到孩子又将重蹈他们的覆辙，他们更是心痛不已。最终，他们成立了家庭小金库，把自己的钱都放在小金库里，小额开销随取随用。如果有大额开销，那么就互相商议。经过一段时间的磨合，他们终于彼此信任，让小家庭更加团结紧密。

一段不那么愉快的记忆，究竟会在年幼的孩子心中留存多久？很多父母都低估了它的影响，他们认为孩子还小，记忆力没有那么好，所以很容易就会忘记。有心理学家经过研究发现，几个月的婴儿都对婴儿时期的生活无意识地进行记忆，而且婴儿时期糟糕的成长经历甚至会对他们成年之后的生活造成影响，更何况是已经开始记事的孩子呢？所以父母一定要给予孩子快乐的童年生活，这样孩子才会健康快乐地成长。

一个娇嫩孱弱的生命从呱呱坠地到健康地成长真的太难了，父母养育孩子也真的太辛苦了。也许终有一日，当我们也成为父母，我们才能理解父母当时的艰难和不易，才能感受到父母当初做出选择时是多么痛彻心扉。记得在《唐山大地震》中，爸爸为了救孩子们去世了，妈妈面对救援人员给出的选择题“救儿子还是救女儿，只能救一个”时泪如雨下。妈妈不知道，女儿是清醒的，女儿亲耳听到妈妈说救弟弟时，她的心死了。直到几十年后，她参加地震救援，才知道在生死攸关的时刻，那样的选择对于妈妈而言是多么痛苦的选择，甚至痛苦到让妈妈无法承受。她这么多年来对妈妈的恨如同坚冰，这一刻才开始消融。她回到家里，直到看见弟弟，看见妈妈，才终于释然。

作为孩子，我们要知道父母也是人，而不是无所不能的神。父母也会有局限，而不可能面面俱到，让孩子绝对满意。作为孩子，我们要做好准备原谅和宽恕父母，我们要真心地感谢父母的生养之恩，我们要庆幸曾经成长的经历铸就了今天的我们。这个过程不容易，但是我们要努力走过，这样我们才能获得新生，我们才能释放自己。

回首童年，不畏过往

每个人都有属于自己的一条生命河流，在生命的长河中，既有珍珠和贝壳，也有水草与睡莲，还会有很多其他的生物。也有人把生活比喻成画卷，那么我们在生活中经历的无数事件，就是构成这些画卷的要素。在经历这些事件的过程中，我们会关注一些人和事，也会在解决问题的过程中形成固定的思维方式。这些都会影响我们的自我价值感，使我们认可自己，或者否定自己，对自己感到满意，或者对自己百般挑剔。人们常说，一千个人眼中就有一千个哈姆雷特，我们也要说，不同的个人站在不同的角度看待问题，总会有不同的理解和感悟，做出不同的选择，这也就使事情朝着不同的走向发展。一个人如果已经厌倦了已经成型的故事，不如就再为自己重新开始一个故事，也在这个故事里活出新的自我形象。虽然人生不可重来，我们却可以让画卷以崭新的面貌展开。要想做到这一点，我们就要回首童年，不畏过往。

有人说，爱的反面是恨，实际上恨也是一种爱。爱的反面应该是遗忘，而要想做到遗忘，我们首先要直面。只有直面过往，只有坦然接受过往，我们才能以更好的姿态面对未来。如果总是把曾经不开心的事情都隐藏在心底，那么往往意味着我们不能放下过去，也不能敞开怀抱迎接未来。

有很多人都始终活在童年的阴影中，这些阴影未必来自被暴虐的童年生活，也有可能来自父母无意见的一句抢白，或者是父母的误解，也有可能是别人不经意间的一句负面评价，这些都有可能在孩子稚嫩的心灵中留下深刻的印象。但是，这不是我们自暴自弃的理由，更不是我们始终躲在阴影下的理由。

如果始终逃避，那么我们就会始终畏缩。我们要做的是正面面对，唯有如此，我们才能以更好的形象呈现自我。直面伤疤，有的时候是需要勇气的。而只有在直面之后，我们才能勇敢地奔向未来。

除了因为童年不快乐的生活而心中有阴影之外，还有些人之所以躲避在阴影之中，是因为觉得自己不够优秀。他们只看到自己的缺点，而没有看到自己的优点，只看到自己的短处，而没有看到自己的长处。又因为得到他人不恰当的评价，所以就更是形成了错误的自我认知。这一切都需要我们勇敢地去面对，这样才能在未来有更加杰出的表现。

倩倩身材高挑，面目白皙，在公司里是不折不扣的美人，但是她自我评价却很低。最近，公司里正在组织年会活动，每个部门都要出节目，倩倩所在的部门，大家都强烈推荐倩倩代表部门参加表演，为部门争光。对此，倩倩接连拒绝，不好意思地说："我没有才艺啊，什么都不会，拜托大家千万不要为难我啦！"听到倩倩的话，同事们开玩笑说："你站在那里就艳压全场，你只要出马，我们部门肯定能得奖。"也有的同事说："没有才艺没关系，随便唱首歌吧。"倩倩更为难了："唱歌？我可是五音不全，从来不唱歌。"同事惊讶地问："怎么可能呢？你的声音这么好听，是谁说你五音不全的？"

倩倩也很惊讶："我的声音好听吗？"同事们不约而同地点点头，倩倩失落地说："从小，爸爸就说我五音不全，不适合唱歌，所以我最害怕上音乐课啦。"同事们忍不住哈哈大笑起来："你从来不唱歌？"倩倩说："我只敢在没人的时候唱歌。"在同事们的鼓励下，倩倩终于鼓起勇气唱了一首自己最喜欢的歌，赢得了同事们的阵阵喝彩。经过这次锻炼，倩倩这才知道自己也是适合唱歌的，也认识到：唱歌好听不好听没关系，原来去K歌能够减压，让人放松心情啊！从此之后，倩倩就爱上了唱歌。

如果不是因为机缘巧合地对同事们说起自己"五音不全"，倩倩大概在很长的时间里继续不敢唱歌吧。这是因为她对爸爸的评价很在意，因为被爸爸评论为"五音不全"，所以她就不敢再唱歌了。幸好有这样的机会直面过往，倩倩才知道自己也是可以唱歌的，而且不管唱得好还是不好都没关系，因为唱歌就是抒发心情，就是释放压力，就是让自己快乐。

现实中，有多少人因为被负面评价而畏手畏脚，不敢做很多事情呢？与其这样瑟缩，把自己封闭起来，不如抛开杂念，去做自己喜欢的事情。也许我们会成功，也许我们会失败，这都没关系，只要我们尽力了，而且努力做到最好，那么我们就能实现自己的心愿，也创造自己的价值。

也许我们在童年曾经被说是“笨”，也许我们曾经被人误解没有唱歌、绘画及其他各个方面的天赋，不要因此而关闭自己稚嫩的心灵。要勇敢地去做，才能证明自己。如果说孩子还不能正确对待这样的负面评价，那么在长大成人之后，我们就要回首童年，直面童年，这样我们才能获得心灵的成长。

萨提亚提出的家庭重塑，就是以角色扮演的雕塑方式，对家庭进行干预和治疗。这种方法可以帮助人们再次进入原生家庭的历史，在心理矩阵中找到属于自己的位置。这就仿佛是再次经历了童年，也就可以以崭新的视角看待自己，看待父母，对于家庭关系进行重新整合，对于家庭重建观念，也让自己从心理上拥有崭新的现在和未来。

萨提亚在生命的最后五年中，以经典家庭重塑为基础，创造了简化的版本，便于人们运用家庭重塑来重新构建自我，重新建立家庭关系，重新经营家庭感情。在此过程中，我们也就可以直面自己的童年，弥补自己曾经在童年中错过的成长。人生不可重来，但是人生却是可以被塑造的，也是值得期待的。当我们以新的姿态面对生命，拥抱生活时，我们与未来之间就会有更多的默契，也会创造出更多的美好。不管我们的过去是怎样的，不管我们自身是怎样的，我们都是值得的。

让你的生命和父母的不同

在生命的轮回中，每一代人都在延续过往，都希望通过以生命传承的方式，让生命生生不息。在这样的过程中，我们从出生就与父母朝夕相处，接受父母无微不至的照顾和陪伴，在父母的引导下学会很多事情，不知不觉间，我们与父母变得越来越像，甚至我们的生命也成了父母的翻版。如果我们本身就很崇拜父母，希望能够向父母学习，也以父母的人生高度作为自己奋斗的目标，那么我们可以努力争取做到青出于蓝而胜于蓝。而如果我们并不喜欢父母拥有生命的方式，也不喜欢父母对待生活的态度和观念，那么我们一旦活成了自己所讨厌的样子，心中总还是会有一些遗憾和落寞的。

其实，不管我们是喜欢还是讨厌父母对待生命的方式，我们都应该活得和父母不一样，拥有和父母不同的人生。在生命的历程中，我们可以学习父母优秀的品质，我们也可以借鉴父母的人生经验，在父母的引导和帮助下更深刻地感悟生命，也在父母的激励和支持下始终坚持学习。但是，我们不应该是父母的复制品，我们的人生也不应该是父母的翻版。我们要遵从自己的内心，坚持做好自己，我们要活出独属于自己的人生，绽放独属于自己的精彩。对于每个人而言，最大的成功不是活成更好的别人，而是活成最好的自己。只要是自己，是否足够优秀，是否足够完美，又有什么关系呢？

每个人都应该是自己生命的主人，能够主宰和驾驭命运。虽然人生中总有各种坎坷挫折，总会经历各种不如意，但是一切都没关系。只要我们是生命的主体，主要我们能够在生命的历程中始终勇往直前，我们就能走过坎坷泥泞，就能走过艰难的境遇，从而尽情地释放生命的能量，全力以赴地做好自己。

如今，有很多父母无微不至地照顾孩子，全方位地保护孩子，使孩子成为了不折不扣的妈宝，与父母之间始终有着无形的脐带在连接。等到有朝一日父母老去，或者父母发生了不测，需要孩子独立面对生活时，孩子就会感到很无助，很挫败。也有些父母年轻时为孩子耗尽了所有的心血，等到老了想要依靠孩子时，却发现孩子连自己的生活都支撑不起，又如何能照顾父母呢？父母难免会抱怨孩子指望不上，却不知道孩子之所以出现这样的情况，完全是父母导致的。也有些孩子从小就习惯了依靠父母，总是对父母百般挑剔与苛责，长大了也依然啃老，使父母苦不堪言。孩子之所以表现得这么糟糕，也与父母有密切的关系。作为父母，要认识到孩子的成长离不开父母的教育和引导，也要随着孩子的成长和能力的增强，循序渐进地对孩子放手，给孩子更多的机会提升自身的能力。只有父母及时放手，孩子才能渐渐长大，如果父母总是像老母鸡保护小鸡那样对孩子无微不至，那么孩子必然无法成长。

作为孩子，我们不但要成长，还要拥有和父母不同的生命，对自己的人生负责。有太多的孩子习惯了依靠父母，不管做什么事情都需要父母给他们拿主意，不管面对多么简单容易的选择，都要听从父母的指令去做。日久天长，孩子们的自主能力就会越来越差。父母养育孩子，终极目标是希望孩子能够走向独立，但是太多的父母在养育孩子的时候却不知不觉间走入了一个误区，即凡事替代，最终让孩子什么都不会做，成为了巨婴。当父母这么做的时候，渐渐形成自我意识的孩子就会与父母之间产生对抗，激发矛盾，经常争执。在孩子成长的过程中，父母可以送孩子一程，却不能代替孩子走完全程，所以适时放手，既是尊重孩子，也是对孩子负责。

从孩子的角度而言，能够帮助父母做一些事情，自然会感到很荣幸。但是如果把自己活成父母的样子，也因此而迷失了自己，就会得不偿失。现实生活中，有些孩子在父母去世之后，会继承父母的遗志，完成父母未完成的事业，或者实现父母尚未实现的心愿。如果孩子本身就很热爱父母所从事的事业，那么这样的继承当然是皆大欢喜的。如果孩子只是为了让父母的在天之灵心安，就为此而放弃自己的事业，无疑是不那么明智的选择。对于每一对父母而言，他们最希望看到孩子幸福快乐，而不希望孩子为了自己去做出牺牲。不管父母健在，还是已经故去，我们都应该感受到父母的爱与温暖，也应该努力过好属于自己的人生。

萨提亚认为，在家庭生活中应该建立成长模式，而非等级模式。在等级模式下，父母总是会对孩子发号施令，希望孩子能够按照他们的期待去成长。而在成长模式下，所有的家庭成员都是平等的，每一个家庭成员都能实现自己的理想和志向，都能让自己得到充分的成长。不管是父母还是孩子，在家庭生活中，都应该尽力建立更好的家庭模式，这样所有人在家庭生活中才会更加自在，更加快乐，也才能获得长足的成长和进步。萨提亚认为，在成长模式中，改变是必然的，是至关重要的，也是不可避免的。家庭成员之间只有相互信任，才能获得安全感，也才能以爱为动力坚持成长和进步。

失去不是结束，而是成长的契机

在现实生活中，人人都想得到，而不想失去，甚至畏惧失去。这是因为人有很多的欲望，每个人都想要满足自身的欲望，而不想让自己感到遗憾和失落。正是因为如此，很多人在面对失去的时候都会陷入沮丧绝望之中，误以为失去意味着彻底结束。而实际上，只要我们的心中始终怀有希望，只要我们不放弃努力，那么我们就能以失去作为成长的契机，拥有新的开始，也进入人生中崭新的阶段。人们常说，心若改变，世界也随之改变。这句话很有道理。对于每个人而言，只有坚持改变，只有不断进取，才能获得成长。

人生之中，没有谁能够始终如愿，很多人都会经历坎坷挫折，都会对人生感到不满意。没关系，要知道这才是人生的常态。既然如此，就不要抱怨，更不要自暴自弃。当我们怀着积极的心态面对这一切，当我们的内心充满正能量，当我们相信自己只要坚持不懈就能做得更好，我们就能获得成长，获得进步，我们就能坚持笑到最后，笑得最好。

很多时候，事情本身并没有本质的变化，而是因为我们看待事情的角度变了，我们才能看到不同的结果。例如，我们一不小心把一个美丽的花瓶打碎了，感到很懊悔，甚至因此而责怪自己，也许一整天的心情都很糟糕。换一个角度来看，如果我们能够想办法把这个花瓶粘起来，那么花瓶就会呈现出美丽的马赛克图案，看起来会有别样的美。所以不要再抱怨，也不要认为很多事情是无法弥补的。只要我们心怀希望，人生就处处都是生机，很多事情看似糟糕，也最终会找到解决的办法。大文豪鲁迅先生曾经说过，世界上本没有路，走的人多了，也便成了路。对于我们而言，何尝不是如此呢？哪怕脚下已经没有现成的路可以走了，我们也应该继续勇往直前，走出属于自己的道路，这才真正的强者所为。

人生不可能始终都是加法，也会有很多减法。面对得到，人们固然感到欣喜若狂，也会为此而庆幸，而面对失去，人们马上就会垂头丧气，唉声叹气。其实，并不需要如此。对于人生而言，失去也是常态，正是因为始终处于得到和失去之间，人们才能更好地维持平衡。失去，不应该成为人生的黑洞，而应该成为人生新的起点。体坛上的大姐大邓亚萍为了国家争夺了很多荣誉，在退役后原本可以选择更轻松的人生道路，但是她没有，而是选择去学校里深造学习。对于荒废功课很多年的她而言，这注定是一条充满艰辛的道路，但是她不曾感到后悔，最终学有所成。当曾经获得的荣誉随着人生特定阶段的结束而变成历史时，邓亚萍没有抱怨，也没有遗憾，而是当即就以这样的失去为起点，进入了人生崭新的阶段。我们应该向邓亚萍学习，坦然面对失去，从容走向未来。

从辩证唯物主义的观点来看，世界上的很多事情都是既有得到也有失去的。我们应该坚持以一分为二的观点看待世界，才能更加理性，也才能始终保持良好的状态。面对失去，如果我们始终沮丧失意，不能当即振奋精神勇往直前，那么我们的未来就会变得晦暗。面对失去，如果我们能够意识到这是新的开始，也能够鼓起勇气无畏前行，那么我们就会给自己不一样的人生。

人生之中，我们时常会面对失去。例如，小时候因为父母调动工作不得不搬家，不得不告别熟悉的老师和同学，进入新的学校开始学习；长大后开始恋爱，因为各种原因而与所爱的人分手，心中尽管很不甘，却也要擦干眼泪继续向前；工作上好不容易做出了一些成绩，却被领导调动到崭新的领域当开拓者，而继任却能接下自己打好的天下坐享其成，看起来这很不公平，但又何尝不是一种契机呢？面对人生中的诸多失去，我们都要端正心态，都要勇往直前，都要无怨无悔，都要全力以赴去争取得到。

生命的历程那么漫长，在人生之中，我们不但会失去很多身外之物，还会失去一些挚爱的亲人。或者是生离，或者是死别，每一次分开都让我们痛彻心扉，但是这并不意味着我们可以逃避。很多东西，我们或许可以改变，或许可以逃避，但是很多东西，我们都不得不接受，不得不面对。所以我们一定要端正心态面对人生中的得失，这样才能让自己始终怀着坦然的心态接受生命的锤炼。

有的时候，失去和得到也是可以相互转化的。从表面来看，我们失去了；换一个角度来看，我们其实得到了。面对命运的反复无常，很多人都以为自己不能坚持下去，甚至因此而动摇了，想要放弃。其实，生命远远比我们想象得更加坚强。当我们怀着感恩的心面对得到，感谢失去，当我们因为亲身经历而懂得珍惜，我们的生命也会因此而进行蜕变，以另外一种形式获得成长。在一次次淬炼中，我们的生命之根会努力向下，扎得更深更稳，这意味着我们能够长成参天大树，也经得起风雨的打击。

生命是如此美丽，在生命的历程中，我们遇到的每一个人，经历的每一件事情，都是理所当然的存在。正如尼采所说的，那些杀不死我的，会使我更强大。所以我们要坦然接受命运的一切馈赠，也要与看似不可承受的打击共生。在快乐中，我们纪念失去的意义；在深爱中，我们学会放手；在挫折中，我们坚持向上；在迷惘中，我们更加坚定！

生命就是向死而生

不管对谁而言，当挚爱的人离开了人世，接受都是一件很难的事情，面对更是难上加难。虽然人人都知道生命就是向死而生，但是当死亡不期而至的时候，人们还是会感到悲伤，感到无法接受。尤其是当死亡突然到来的时候，告别更是让人痛彻心扉。

每一个生命从呱呱坠地开始，就踏上了死亡之路。走向死亡的过程，就是我们的一生。我们无法知道生命到底有多长，因为我们不知道死亡究竟会在何时降临；我们无法知道自己会以怎样的方式失去生命，既然如此，就不要忐忑不安，而是从容等待命运的安排。虽然我们不能决定生命的长度，但是我们可以决定生命的宽度。当生命被拓宽，生命就会变得更加充实且有意义，生命就会变得更加厚重和精彩。

所以死亡尽管可怕，却不是生命的终点。在生命必须终结的那一刻，生命并没有消失，而是转化成另一种形式存在。如此想来，我们应该安心地和逝去的亲人告别，因为终有一天我们会再相聚，在另一个地方，在另一个世界。在西方国家，人们都相信上帝，是因为上帝给人以精神的寄托，也让人们更容易接受死亡。还记得在《汤姆大伯的小屋》一书中，那些黑人遭受非人的虐待，承受巨大的痛苦，但是他们从不抱怨命运，而是笃信上帝，也相信自己一定会得到上帝的救赎。也有一些黑人在折磨中失去了宝贵的生命，他们那么逆来顺受，只是因为他们相信逝去的亲人和朋友都去了天堂。这样的信仰给了人精神上的力量，也让人不再那么惧怕死亡。

很多人因为亲人离世，一直生活在愧疚和自责之中，他们认为自己没有更好地照顾亲人，没有帮助亲人延长生命。其实，生死并非是人可以决定的，有些事情即使我们很想去做好，也是人力不可为的。对于已经过去的事情，我们应该学会放下，尤其是对于已经逝去的生命，既然人死不能复生，我们就算始终活在懊悔之中，也不能改变任何结果。既然如此，释然地面对生命，才是更好的选择。

有一位年逾古稀的老人一直沉浸在对母亲的思念中，原来，早在他刚刚成年的时候，母亲就患病去世了。在当时，这种病是不治之症，医学技术还很落后，无法治愈病人。后来，随着医学技术的发展，这位老人才知晓了母亲患病的原理。又因为妻子患上了和母亲一样的病，他靠着努力自学医术更好地照顾妻子，让妻子生存了下来。为此，他更加懊悔，责怪自己在当时为何没有钻研这种疾病，为何没有给母亲更好的照顾。因为对母亲的愧疚，他始终活在懊丧之中，七十多岁的人了，每当母亲的忌日，就哭得像个孩子。后来，他接触了萨提亚模式，意识到应该治愈自己。在老师的引导下，他面对着母亲的遗像说出了心中积压多年的遗憾。最终，他释然了，他对母亲的遗像说："妈妈，我舍不得您离开，所以这么多年从未放下您。现在我要放下了，我要好好地活着，让您放心。"从此之后，这位老人放下了母亲，终于可以安享晚年了。

不能坦然面对生死，会使人陷入深深的自责和遗憾之中。因为对于普通人而言，生死是无解之题。我们固然舍不得亲人离开，但是人有旦夕祸福，也有生老病死，很多事情都是我们无法掌控的。与其让自己一直活在悲伤和自责之中，我们不如放下过往，快乐地面对生活，这样我们才能心安，逝去的人也才能感到心安。当亲人离世的时候，对于心中的悲伤，我们切勿压抑和回避，而是应该勇敢地面对。如果我们始终把这份悲伤压抑在心底，那么这份悲伤就会一直存在。我们只有直面悲伤，只有给自己找到宣泄情绪的出口，才能疏导情绪，也才能解开心结。

对于逝去的亲人，很多人都会感到懊悔，懊悔自己没有在对方活着的时候更多地关爱对方，懊悔自己没有在对方需要的时候给予对方更多的关注和照顾，懊悔时光为何不能倒流，让一切重新来过。不管是怎样的懊悔，对于我们而言只能徒增烦恼，最重要的是，我们要向前看。

生命就像一条河流，只能往前流淌，而不能倒流。既然生命的时光一去不返，我们与其在逝去的亲人身上寄托哀思，不如珍惜眼前的人、陪伴在我们身边的人。这样既能够帮助我们缓解哀思，也能帮我们找到新的情感寄托。

萨提亚模式认为，面对重大的丧失，人们会本能地感到悲伤。如果长期处于悲伤的情绪中无法自拔，当事人不但身体上会感到万分痛苦，感情上也会感到万分痛苦。这会使当事人的行为举止都出现巨大的变化，例如死气沉沉、性格孤僻、行为退缩等。要想摆脱哀伤，就要能够直面问题，与他人之间建立信任、安全的关系，从而寻求帮助。在此基础之上，我们才能对自己进行疗愈，也才能得到他人更多的关爱和帮助。必要的时候，还可以与逝者进行道别，也可以采取一些仪式，这样显得更为庄重。生活是需要仪式感的，与哀伤告别也同样需要仪式感。仪式感不仅仅流于形式，也会让我们内心感受到庄重的意味。

生与死，都是生命之中最重要的头等大事。每天，都有新生命降临人世，每天，也都有生命离开人世。我们只有参透生命的本质，知道所有的人生都在进行向死而生的旅程，才能更坦然、更从容地面对生死。

第五章

与生命中最重要的人相遇：学习爱和被爱

在生命的历程中，我们总会遇到一些人，经历一些事。我们会被他人所爱，也会努力去爱他人。有人以为爱与被爱都是本能，实际上，爱与被爱都是需要学习的。如果一个人既没有爱人的能力，也不懂得被爱，那么他就会在无爱的人生中感受孤独与寂寞。让我们先学习爱和被爱，再迎接生命中最重要的人到来吧！

你有什么资格被爱

现实生活中，人人都渴望被爱，而实际上，却有很多人求爱而不得。有些人因此而陷入单相思状态，有些人因此而变得郁郁寡欢，甚至抱怨对方为何不爱自己。在抱怨对方之前，我们不妨先扪心自问：我有什么资格被爱，对方凭什么要爱我呢？如果不先回答这个问题，而是自我感觉良好地认为自己就应该得到他人的爱，那么我们未免有些不知天高地厚了。爱，是造物主赐予人类最好的礼物；爱，也是每个人都迫切需要得到的馈赠。要想得到他人的爱，我们首先要有资格被爱，要想得到他人的爱，他人就要有充分的理由爱我们。

在爱情之中，很多人都牢骚满腹，不知道自己为何突然失去了爱，爱人为何突然远离自己，也不知道曾经浓醇炽热的爱为何渐渐地降温，不再那么令人心潮澎湃了。天地之间，知己难求，真爱更是难求。因此有人就说，爱是需要缘分的，不是我们运气不好，得不到他人的爱，而只是因为缘分没到而已。不得不说，这样的自我安慰中透露着无奈，也透露着悲哀。现实之中，很多东西都需要我们努力去争取才有可能得到，爱也是如此。虽然人们常说萝卜白菜，各有所爱，不可否认的一点是，我们不知道自己是萝卜还是白菜，也不知道自己何时才能等到爱人到来。

对于爱人，总有人喜欢指手画脚。他们自己的感情生活还一团糟呢，就会指导别人应该如何去爱，应该寻找一个怎样的爱人才能保证一生幸福。面对那些大龄的剩男剩女，也总有些热心的亲朋好友劝说对方“差不多就行了，世界上哪有真正的白雪公主或者白马王子呢”。的确，爱情既要靠着缘分，也要靠着眼缘，还受到很多外界因素的影响和制约。例如：年纪大了，等不起了；对方有房有车有高收入，是理想的结婚对象；对方的爸爸妈妈都是大学教授，是典型的书香门第，家教很严，父母也能提供很大的支持和帮助……这些因素和爱情有关吗？有的有关，有的无关，有的关系密切，有的毫无关系。作为对爱情怀有浪漫幻想和无限憧憬的男人女人们，一旦被这些与爱情关系不大的因素蒙蔽了眼睛，与真爱就会渐行渐远。

至于对爱人的定义，则更是无厘头。父母会告诉我们要找个老实本分，可以托付终身的男人；闺蜜会告诉我们要找个长期饭票，不花心的男人；朋友会告诉我们要找个能给我们助力的男人……总而言之，对于理想的伴侣真是仁者见仁，智者见智。男人找女朋友的要求更是五花八门，有的男人要求女朋友貌美如花，有的男人要求女朋友强悍能干，有的男人要求女朋友柔弱可人，有的男人要求女朋友知书达理、孝敬父母……这些要求都无可厚非，每个人在寻找人生伴侣的时候都会有自己的标准，也会在迷惘之中寻求他人的建议，却不知道问的人越是多，越是拿不定主意。最终当爱情悄然而至，他们才会发现原来这就是爱，这就是我要找的人，他和谁说的都不像，但是我知道他就是对的人。由此可见，在爱情到来之前费尽心思地去琢磨，去定义，去给出标准，都是白费力气。当爱神丘比特的箭射中了你，你也就无法理性地思考了，你只会在爱的驱使下做出本能的举动。

有人说，爱情就像一场重感冒，这样的描述很形象，很贴切。尤其是在热恋期，人们总是头昏脑胀，不知道如何去表达自己的爱，还常常因为激动而做出一些可笑的事情。然而，爱情的保鲜期很短，只有一年多的时间。当经过了最初的怦然心动和热情爆发之后，爱情会渐渐地消退，彼此之间变成了更为稳定的守候。这个时期，爱人彼此之间不再是情人眼里出西施，而是既会看到对方的优势和长处，也会看到对方的劣势和不足。要想顺利度过这个阶段，爱人需要彼此宽容，而不要互相挑剔和苛责，否则就会相看两厌。

每个人都是世界上独一无二的生命个体，每个人都有自己的个性，也有自己的特点。原本两个全然陌生的人因为相爱而彼此心生欢喜，却也因为相爱而对对方提出苛刻的要求。曾经有人采访一对金婚夫妻，询问他们婚姻的秘诀是什么。原本，大家以为这一对夫妻一定会说出一些令人感动的话，诸如爱的誓言，彼此包容等，让人大跌眼镜的是，这对夫妻只是淡然地说："忍耐。"这样的回答让人恍然大悟：原来，一切看似美好的感情背后，都是彼此的忍耐在支撑着婚姻继续。如果没有忍耐，每一对夫妻都会经历离婚；如果没有忍耐，每一对夫妻都已经分散两地，甚至行同路人。忍耐才是婚姻的真谛，婚姻不管是幸福还是不幸，都很难像琼瑶笔下所描写的那样你侬我侬，情深意浓。为此，有人在看了《泰坦尼克号》之后，说："如果杰克和露西没有遭遇海难，而是在一起了，那么最终的结果一定不如人意。"这是因为杰克和露西的社会阶层相差悬殊，爱情在从虚无缥缈令人发狂，变得脚踏实地，充满了柴米油盐酱醋茶之后，还能保持神秘和美好吗？正是因为如此，大家才说爱情是两个人的事情，婚姻是两家人的事情，也有一些悲观主义者说婚姻是爱情的坟墓。

在张爱玲笔下，有一段关于红玫瑰和白玫瑰的话："也许每一个男子都有过这样的两个女人，至少两个。娶了红玫瑰，久而久之，红的变成了墙上的一抹蚊子血，白的还是“床前明月光”；娶了白玫瑰，白的便是衣服上的一粒饭粘子，红的却是心口上的一颗朱砂痣。”由此可见，不管多么灼热浪漫的爱情，最终都会回归生活的本质，如果爱情不能经受生活的考验，那么也就无法长久地存在。

爱的资格，不仅仅是懂得爱情的浪漫，也是能够洞察爱情的本质。“执子之手，与子偕老”的爱情誓言说起来很容易，真正做到却很难。在生命的历程中，总是会遇到各种坎坷挫折，还会遭遇突如其来的打击。在人生艰难的境遇中，我们能否与爱人比肩而立，给予爱人最坚强的支撑和依靠呢？还记得台湾诗人舒婷的《致橡树》吗？不做攀援的凌霄花，而是以树的形象与爱人比肩而立，根在地下连接在一起，枝叶在天空中挥手致意。作为男性，在婚姻中承担着重要的责任。而作为女性，也不再因循封建思想相夫教子，而是走出家门，走入职场，和男性一样努力打拼。不管是男人还是女人，都要独立坚强，都要与对方一起成长，也要在必要的时候给予对方强力支持，这样才能共同支撑起家的天空。

爱，从来不是单方面的付出，更不是一味地索取。爱，需要双方付出，需要彼此宽容与体谅。在爱情之中，我们学会包容和理解他人，也能够设身处地为对方着想。当对方遇到难关的时候，我们要陪伴在对方的身边不离不弃。真正的爱经得起考验，真正的爱坚如磐石，真正的爱是相互尊重，彼此信任。

爱不是要来的

在爱情中，最卑微的是什么？民国才女张爱玲当初爱上了胡兰成，她爱得卑微，为了胡兰成一而再再而三地委曲求全，最终还是被胡兰成抛弃了。真正的爱，从来不是以卑微的姿态要来的。爱是主动地付出，爱是互相理解、包容和成全，爱是尊重，爱是信任，爱是我们生命中的光。卑微地求爱，不但是爱情的悲哀，也是人生的悲哀。尤其是面对一个无法满足我们的爱人，我们即使苦苦哀求，也很难如愿以偿，更不可能因为得到了爱而感到满足。有些人天生没有爱的能力，既不懂得如何爱人，更不懂得如何尊重人。对于这样的人，我们要敬而远之。因为哪怕我们毫无保留地对他们付出，他们也不会因此而回馈我们，更不会因为我们的付出而感恩。

在面对关系亲密的人时，我们往往会卸下伪装，表现出自己最真实的一面。当内心感到委屈、不安、紧张、焦虑时，我们也会毫无保留地袒露。我们误以为爱能包容一切，实际上，爱是坚强的，也是脆弱的；爱是博大的，也是狭隘的。在爱情中，有太多的抱怨充斥在我们的耳边。例如，“我对他没什么要求，他也不能满足我”“我只是希望他能理解我，他都做不到”“我不需要他养着我，我只想让他尊重我的工作”“我不奢求得到他的肯定与认可，他只要不打击嘲讽我就好”。作为旁观者来看，这些要求真的不高，那么为何不能得到满足呢？是因为我们选错了对象。如果对方压根不爱你，更不想满足你对爱卑微的要求，你即使不断地放低姿态，又有什么用呢？有朝一日，当你终于心死如灰，你就会意识到原来对方真的不值得你这样付出和迁就。

当然，在亲密的关系中，我们也要学会反思自己。不要因为与对方关系亲密，就失去了心理界限，失去了行为边界。即使亲密如同父母子女，亲密如同爱人，也依然需要彼此独立的空间，这样才能做到相互尊重，与对方保持适度的距离。越是亲密无间的人，越是需要我们温柔的对待，不要觉得对方爱自己就应该或者必须为我们做某些事情。我们在对对方提出要求的时候，除了要从自身的标准出发之外，也要考虑到对方的承受能力和爱的能力。

爱情中的很多误解，都是因为彼此之间的标准不同导致的。例如，女孩对男友提出要求，男友做不到，女孩就会觉得男友对自己不重视；男孩对女友有所期望，女友达不到，男孩会对女友很失望。两个相爱的人原本在不同的家庭中成长，有着不同的脾气秉性、成长经历、家庭环境、教育背景，因为爱走到一起，朝夕相伴，一起面对生命中的风风雨雨，如果没有足够的包容和理解，又如何能坚持走下去呢？

要想与爱人建立亲密无间、良好稳固的关系，当爱人不能让我们满意时，我们切勿进入一个误区，即把对方的能力有限理解为态度不好，认为对方不是做不到，而是不想做。不可否认的是，对方有的时候的确会因为一些原因而不想去做，但是这并不意味着他们始终都是这样。心有余而力不足和有能力而不愿意去做，是截然不同的。说到这里，可能有的人又会说，只要愿意去做，想要做好，就总能做好。这个世界并不是唯心主义的天下，很多事情未必可以凭着主观上的强烈欲望就能做到最好。所以爱人之间相处还需要彼此理解，彼此包容。

牙齿还会咬到舌头呢，更何况是两个完全不同的人在一起相处呢？磕磕绊绊总是难免，彼此之间有矛盾和争执也是正常现象。只有认识到这一点，我们才能与爱人走得更长远。那么，在爱情之中，如何平衡彼此的付出呢？虽然爱情是毫无保留地付出，但是在长期的关系中，爱的双方难免会有所衡量。斤斤计较的爱情，让人感到抓狂。毫不计较的爱情，却又是可遇而不可求的，只有双方都毫不计较，这样的爱情才能保持平衡状态。

在相爱的状态中，当我们觉得自己付出得多，而对方付出得少时，我们未免会感到失落。其实，这就是人际关系的本质，哪怕是曾经对我们无私付出的父母，当我们长大之后，在与我们相处的时候，也会权衡利弊。当觉得内心失落的时候，我们会向对方索要爱。这是因为我们渴望得到爱，渴望被满足。当对方没有意识到应该主动满足我们，或者不知道如何才能满足我们时，我们可以把爱大声说出来，也可以向对方提出爱的要求。这样的坦诚沟通，有利于我们和爱人友好相处，也有利于我们与爱人保持亲密的关系，建立深厚的感情。

很多人对爱情满怀憧憬，却因为爱得失衡，而与爱人之间矛盾丛生。例如，一个人要求得到十分爱，还以为这样的要求并不高，而对方却没有能力给出十分爱，这样一来彼此的关系就会进入失衡状态，也会因为对爱的评判标准不同，使爱渐渐变了味道。我们既要学会调整自己，也要学会顾及对方的感受。爱既然是双方共同营建的，那么对爱的标准也不应该搞

“一言堂”，而是要共同去感受爱，共同去营造爱的氛围，共同去接纳爱。不管什么时候，抱怨、指责都不能解决问题，只有怀着宽容之心，只有怀着善意的理解，我们才能与对方产生共鸣，也才能与对方融洽相处，心心相印。

爱不是要来的，爱应该是通过付出爱而得到的。对于一个给不了自己十分之爱的人，我们却要求对方给我们十分之爱，这不但是在刁难别人，也是在刁难自己。我们尽管与爱人亲密无间，却也要与爱人之间保持适度的距离，让彼此都感到舒适，做到比肩而立，相互扶持，这才是爱最理想的状态。

当爱渐渐变淡，当他的好给了别人

说起爱情最理想的状态，很多人都会不约而同地回答是“热恋”。在热恋状态中，相爱的人看对方的缺点也是可爱的，与对方一日不见如隔三秋，眼角眉梢都是爱，一言一语都是浓情蜜意。正是因为如此，很多人才会始终沉浸在对热恋的眷恋中不愿意抽身出来，哪怕爱已经渐渐变淡了，哪怕我们所爱的人把好都给了别人，我们也还是自己欺骗自己，让自己相信自己依然是被深爱的。这样的爱情是一种悲哀，这样的自欺欺人最终只会伤害自己。

心理学家经过研究发现，爱情的保鲜期是很短的。这就意味着热恋只能维持很短的时间，随着时间的流逝，不管我们是否愿意，爱情都会由浓变淡。那么，为何有些爱人在经历了爱情的衰退期之后，依然能够维持良好的关系，保持深厚的感情，继续携手走入婚姻，同心协力经营好家庭，而有的爱人在爱意变淡之后，就彼此疏离，渐渐地疏远对方，不愿意再对对方好下去了呢？这是因为他们没有把握好爱情的节奏，没有跟随爱情发展的脚步调整自己，而是始终都沉浸在对爱情不切实际的幻想里。我们必须更加用心地经营爱情，才能得到想要的爱情，才能延长爱情的保鲜期，才能让爱情升华为更高级的形式，变得更稳固。

很多人心智发育不成熟，当发现爱人不再关爱自己时，他们第一时间就会抱怨，就会责怪，就会怀疑。原本，对方并不想离开，只是想要探索和形成新的关系形式，却在歇斯底里的怀疑之中渐渐地心灰意懒，也就不想继续维持这段关系了。要想在爱情的道路上走得更长远，我们就要在进入爱情的各个阶段时调整好心态。

当浪漫期结束，我们要认识到，浪漫期的结束是爱情进入了新的阶段，而不是某个人的错误导致的。相爱的人要互相推动，才能从浪漫的、不切实际的恋爱阶段，进入务实的、讲求实际的相处阶段。相爱的人应该同步进入这个阶段，而不能一方已经走出了浪漫期，而另一方却还活在不切实际的浪漫和幻想之中。否则，将会导致其中一方开始胡思乱想，欲求不满，怨声载道。遗憾的是，不识庐山真面目，只缘身在此山中。一个人很难意识到自己的变化，而往往会盯着对方有什么变化，因而对对方感到不满，内心感到委屈，充满幽怨。只有意识到浪漫期的结束，也主动地进入恋爱的新阶段，才能避免这种情况的发生。

在热恋时期，浪漫的关系尽管让人欲罢不能，但是这个阶段的关系其实处于非正常状态。我们所留恋的美好，都是一时的激情导致的。激情并不能持续，只能维持短暂的时间，就会开始消退。当激情消退，浪漫期也就随之结束。热恋期尽管令人意乱神迷，但是实际上，浪漫期也使人投入很多，消耗很多。这种如同飞蛾扑火的状态，很难长久保持下去。只有进入常态化的生活，爱情才能更加持久保鲜。

很多女性都特别享受在热恋期的美好，却不知道对方为了营造这种浪漫的氛围，制造很多浪漫的惊喜，付出了多少。有些男性为了赢得女性的欢心，甚至会以牺牲社会功能为代价，这样显然是不切实际的。因为一个人也许可以在短期内淡化社会功能，只要时间一长，他就会觉得危险的逼近，也会重新审视这种关系。每个人的时间和精力都是有限的，厚此薄彼是在所难免的。只有当激情消退，相爱的人才会重新分配自己应该投入多少能量在各个领域，从而维持长期的发展。能量的重新分配，会使很多女性认为男性不再像以前那样对自己好了，内心感到失落。这种情况下，要调整好自己的心态，让自己对于爱情保持理性的渴望。与此同时，还要学会接纳。女性不管多么渴望得到爱情，得到对方的全力付出和投入，都要认清楚一个事实，即没有人会一如既往如同飞蛾扑火般地对我们好。我们只能成为一个人生活中的一部分或者是重要部分，而不可能成为一个人生活的全部。反过来看，假如有人把我们当成他们生活的全部，每时每刻都在我们的身边，为此荒废了事业，失去了朋友，那么我们还会欣赏他，爱他吗？

除了要理解和接纳对方之外，我们还要反思自己做了什么。在很多爱情关系中，女性往往认为男性就应该无条件付出，就应该追求自己，就应该奉承自己。也有些女性摆出一副高高在上的姿态，消耗着对方的爱情与热情，还误以为对方的爱情和热情会源源不断，永远都取之不尽，用之不竭呢。这当然是对爱情的误解。如果男性从未得到女性积极的反馈，他们如何能够始终投入爱情，继续付出呢？我们要珍惜爱情，我们要学会与爱人相处，我们要给予爱人积极的回应，而不能没心没肺地伤害爱人。

在相爱的关系中，我们应该适应对方的好，唤醒爱的欲望，增加爱的需求，从而主动地爱对方，积极地为对方付出，由此与对方一起进入爱情的良性循环之中，加深爱情的浓度，增进爱情的关系，从而更加深刻地体验到爱的感觉。切勿觉得自己付出的比对方多，更不要因此而抱怨，否则还不如不付出呢！没有人喜欢牢骚满腹的爱，也没有人喜欢被施舍的爱。爱，应该以尊重和平等为基础，爱应该远离抱怨和指责。爱，应该做到心甘情愿、无怨无悔，否则不如不爱。

在爱情之中，切勿触怒对方，更不要触犯对方的禁忌。很多人特别喜欢比较，哪怕是毫无比较性可言的爱情，也会被他们拿来简单粗暴地比较。他们嫌弃自己的爱人不够美丽或者英俊，嫌弃自己的爱人挣钱不够多，嫌弃自己的爱人不够善解人意、温柔体贴，嫌弃自己的爱人不够高大威猛。要记住，你爱的就是你眼前的这个人，那么你就不要试图把他打造成你理想的样子，也不要试图把他变成更好的别人。古人云，金无足赤，人无完人。在这个世界上，没有任何人是绝对完美的。我们自身也不完美，又为何要苛求别人完美呢？只有彼此包容，彼此欣赏，彼此认可，彼此接纳，相爱的人才能拥有更好的爱情。

当觉得对方对我们不够好的时候，我们先不要急于指责对方，而是要从反思自己开始做起。在爱的关系中，对方对你有多好，取决于三个因素，即他自身的能量、你对他的供给、你对他的伤害。显而易见，他自身的能量和你对他的供给可以相加，但是你对他的伤害却会抵消这种能量，使能量减少。一个人在正常生活中需要消耗很多能量，例如工作、完成某项艰巨的任务、参与社会生活等，都会消耗能量。在能量持续减少的状态下，如何给爱人增加能量，对我们而言是一个考验，也是我们经营好恋爱关系必须思考的问题。当然，我们的爱人也会自我补充，与此同时，我们也对他们进行能量补充，这样他们才会拥有更多的能量来对我们好。看到这里，相信很多朋友都会意识到，原来爱是能量循环系统，只有维持爱的平衡，我们与爱人之间才能进入良性循环，保持良好的关系。

很多时候，我们并不需要真正为爱人做什么，就可以增强爱的能量。例如，我们给他一个赏识的目光，对他说一句赞赏的话，默默地陪伴在他的身边，在他失意时给予他安慰，这些都能帮助爱人增加能量。总而言之，当爱渐渐变淡，当他把好都给了别人时，先不要急于抱怨和指责，先反思自己有哪些地方做得很好，有哪些地方做得不足。当我们调整好自己的状态，相信我们与爱人相爱的状态也会越来越好。感情从来不是一朝有，就朝朝都有。所有因爱而幸福的人，都很善于经营感情，也很善于对他人好，给他人增加能量。在这个世界上，只有父母才会无条件地接纳我们，无私地爱我们，但是爱人不是父母。况且，未必父母都能做到这一点。所以从现在开始，让我们找准在爱情中的位置，也坚持主动地付出爱吧！

什么是无条件的爱

近些年来，很多人都把无条件的爱挂在嘴边，似乎只要得到了这样的爱，就拥有了爱的尚方宝剑，在爱的关系中无论怎么作，都会被谅解。有些教育专家提出父母应该无条件地爱孩子，接纳孩子。实际上，即使作为父母，也不可能始终无条件地爱孩子。在孩子小时候，父母会无条件地爱孩子，因为孩子的生命很孱弱，需要得到父母无微不至的照顾才能健康成长。随着孩子不断长大，父母对孩子的爱不再是无条件的，而会附加很多条件。尤其是在孩子长大成人之后，父母对孩子更是寄予期望，希望孩子能够给自己以回报，这个阶段的爱更是有所期待，渴望得到回报的。既然父母都不能做到无条件爱孩子，那么在普通的人际关系中，又怎么可能做到无条件呢？所以在爱情关系中，不要误以为自己得到了无条件的爱就能“作天作地”。每个人的容忍都是有限度的，对方即使再爱你，也不可能无限度容忍你，尤其是当你作得不懂得何为尊重，不知道何为付出时。

关于无条件的爱，很多人都对此议论纷纷。有些人认为无条件的爱根本不存在，有些人对无条件的爱坚信不疑，认为一定有无条件的爱。其实，要想针对这个问题讨论出结果来，就要先设定前提条件。如果我们连什么是无条件的爱都没有搞清楚，又如何证明无条件的爱是否存在呢？所谓无条件的爱，即一个人并没有刻意付出，也没有坚持努力，就得到了他人心甘情愿的爱，就被他人无怨无悔地付出，而他人对于这个人不求回报，不提任何要求，也没有期待。这样的爱，才能被称为是无条件的爱。

长久以前，我们之所以对无条件的爱争论不休，却始终没有得到明确的结果，就是因为我们对于无条件的爱的理解陷入了一个误区，即混淆了客观存在与主观体验。我们总是寄希望于他人对我们付出无条件的爱，却从不扪心自问：我是否体验到了无条件的爱。这个问题一经提出就会引起热烈的讨论。如果孩子进行这样的反思，他们会认为父母对自己的爱并不是无条件的；如果爱人进行这样的反思，他们会认为对方对自己的爱并不是无条件的。前文说过，爱是一种主观的体验，并不是由付出的那一方所决定的。从某种意义上来说，体验者的切身体验更具有权威性，更能够界定某种爱是否是无条件的爱。从这个角度来看，无条件的爱不取决于付出者如何付出，而取决于得到者的主观感受。所以讨论无条件的爱，就一定要讨论体验者。

从本质上而言，无条件的爱也是一种爱，也要符合爱的定义，在此基础上再加以无条件的修饰词，才由普通的爱升华为无条件的爱。要想判断爱是不是无条件的爱，我们要明确两个问题：第一个问题，付出者有没有付出无条件的爱；第二个问题，体验者有没有体验到无条件的爱。当这两个问题的答案都是肯定的，才意味着爱是无条件的爱。从心理学的角度进行分析，第一个问题是为了求证客观事实，第二个问题是为了求证主观感受。当从客观角度和主观角度都得以求证，我们就可以认定无条件的爱是存在的。

那么，无条件的爱就意味着要无限度包容吗？当然不是。即使是无条件的爱，也不意味着无限度包容；即使得到了无条件的爱，也不意味着我们可以无限度地作。一个人也许会因为爱一个人而甘愿付出生命，但是在现实生活中，在每时每刻相处的过程中，依然会产生一些矛盾和争执，也会有感到不愉快的时候。

从付出和得到的角度来说，一个人的付出也许一开始是无条件的，但是渐渐地就会变成有条件的。例如父母对孩子的爱，会随着孩子的成长而渐渐地发生变化。在爱人之间也是如此。刚开始时，一方也许因为浓烈的爱而愿意无条件地付出，但是在柴米油盐酱醋茶的现实生活中，这样的付出总会奢求回报，而不仅仅满足于以付出的快乐作为回报。

付出是一个持续的过程，就像人们常说的，一个人做一件好事并不难，难的是做一辈子好事。在相爱的人之间，付出也是需要持续一辈子的，所以坚持付出很难。那么，在相爱的关系中，从无条件的付出到有条件的付出，拐点出现在哪里呢？就是愉悦自己。如果无条件地为对方付出，我们始终感到快乐和满足，那么我们就会继续坚持这样付出。如果无条件地为对方付出，让我们感到很疲惫，或者内心失去了平衡，开始因此而愤愤不平，那么我们就会终止这样付出。可见，是否继续坚持无条件地爱一个人，是以付出者心理感受的变化为分界点的。

爱就是如此主观的感受，所以才会说不清道不明。爱或者不爱，就在一念之间；有条件还是无条件，也在一念之间。在亲密的恋爱关系中，爱人彼此之间一定会有一定程度的无条件的爱，相爱的人之所以感觉不到，是因为觉得理所当然，是因为习以为常。举例而言，妈妈十几年都在做饭给我们吃，我们并不感动，但是当一个陌生人给我们一碗热饭吃的时候，我们却会感动得热泪盈眶。爱人之间做一件事情往往不会非常感动，而如果换作普通朋友做同样的事情，我们就会特别感动。熟悉的地方没有风景，熟悉的人难道就没有爱了吗？从这个意义上来说，我们应该让自己更敏感地捕捉到亲密之人的爱与付出，这样才有助于维持良好的关系。

我们能否感受到他人的爱，取决于两个因素。首先，对方是否真的爱我们。其次，我们的实际需求。如果对方的付出超乎了我们的实际需求，我们会喜出望外；如果对方的付出不能满足我们的实际需求，甚至远远低于我们的实际需求，我们就会感到不满，就会抱怨。所以要想提升爱的体验，除了要求对方付出之外，我们也要降低需求，不要对爱有太多不切实际的幻想和渴望。这样，相爱的双方都会更轻松，也更容易满足，自然也会得到幸福与快乐。

这告诉我们，当我们极度渴望得到无条件的爱，我们就只能面对求之而不得的遗憾。当我们对无条件的爱怀有理性的态度，也不会过高期望，我们就会因为对方的爱而感到满足。有的时候，我们潜意识里认为对方应该为我们做很多，实际上我们真正需要的并没有那么多，却因此造成了爱的误解，这是令人遗憾的。

无条件的爱是存在的，但是只有那些适度期望爱，也不会故意仗着被爱就无限度作的人，才能感受到无条件的爱。这就要求我们要把握爱的阈值，切勿对爱人无度索求，切勿以爱要挟真正爱我们的人。凡事皆有度，过度犹不及，一旦超过了爱的阈值，哪怕我们降低了标准，想要得到有条件的爱，也会求之而不得。无条件的爱就像是绝对的完美一样，是一个相对的改变，一旦绝对化，就失去了能够站住脚的理由。不管是在有条件的爱还是在无条件的爱中，我们都要本着尊重的原则。

爱是不挑剔和苛责

很多人都渴望与人建立亲密关系，然而，一旦真正建立了亲密关系，他们会发现与对方渐行渐远，甚至与对方完全疏离。为什么对于有些人来说，亲密即破碎呢？这是因为过于亲密的关系，使我们在对方的放大镜下生活。正是因为如此，才有人说相爱容易相处难。每个人都是独立的生命个体，因为不同的家庭环境、成长背景、教育程度，人们在一起相处时会很容易产生分歧，甚至打打闹闹。对于相爱的人而言更是如此。相爱的人很容易陷入彼此挑剔和苛责的模式，就是因为彼此之间的关系太过亲密，也是因为爱之深责之切。有很多情侣在热恋之中宁愿为了对方付出一切，但是等到热恋期之后，他们就开始与对方闹矛盾，甚至动了分手的念头。有人说，《泰坦尼克号》里的杰克与露西如果当年没有经历海难，而是排除万难选择在一起，那么他们的爱情也就不会这样感天动地，说不定会在柴米油盐酱醋茶的现实生活中渐渐褪色，还有可能分道扬镳。这就是爱情的梦幻与现实的残酷之间不可调和的矛盾。

还记得刺猬取暖的故事吗？小刺猬们在一起取暖，离得太近了，被对方的刺扎得生疼，而一旦离得远了，又感受不到对方的温度，因而觉得寒冷。就这样，刺猬们一会儿靠得很近，一会儿离得很远，在不断调整的过程中，他们最终找到了适宜的距离，不远也不近，既不会被对方的刺扎伤，又能感受到对方的温度。人与人之间相处，何尝不像刺猬们在一起取暖呢？过于亲密的关系，甚至达到零距离，会导致彼此之间关系的破裂；过于疏远的关系，甚至远在天涯海角，又不利于拉近关系，增进感情。只有把握好其中的度，才能保持最好的关系，让彼此都感到很舒适。

在恋爱关系中，我们不要一味地求近。即使亲密如情侣，也应该保持适度距离，这样才能更好地与对方相处。一旦过度求近，就会把对方的一切缺点和不足都看到眼睛里，牢记在心里，在爱情的关系还没有稳固之前，这样的近距离是非常危险的。那么，那些老夫老妻为何能够与对方零距离相处呢？是因为他们有着长期共同生活的基础，彼此非常了解，既能欣赏对方的优点，也能包容对方的缺点。他们熟悉对方，就像自己的左手熟悉右手。这样的相依相偎，相互亲近，建立在相互理解和信任的基础之上，所以是最为理想的婚姻状态。

有人认为爱情的真谛是无私付出，有人认为婚姻的真谛是郎才女貌，其实不然。相爱容易相处难，要想从爱情走入婚姻，要想保持婚姻的持久与良好的状态，我们需要的是包容和忍耐。在爱情中，我们既不要苛责自己，也不要苛责对方。只有以包容、理解的心态接纳对方，更加尊重和信任对方，我们与对方的关系才会更持久，更理想。

即使是心心相印的爱人，也都需要各自独立的空间与自己相处，给自己喘息的机会。过于炽烈的爱，常常会使我们感到窒息。在相爱之余，能够以自己的方式获得放松，这当然是很好的，也有利于我们给自己补充能量，增强力量。

曾经有一位名人说，幸福的家庭都是相似的，不幸的家庭各有各的不幸。其实，很多不幸的家庭也有相似点，那就是夫妻之间彼此失望，互相挑剔，最终导致关系破裂。也许有些人会说，夫妻之间原本就应该是无话不谈的，指出对方的缺点和不足有什么关系呢？那么请问，你不辞辛苦地为对方指出缺点和不足，你的初心是什么？你总不至于闲得无聊，所以才想没话找话说吧。扪心自问，你之所以喋喋不休，根本的原因在于你期望对方改变。你看到了对方的错误，希望对方改正错误；你意识到了对方的缺点，希望对方弥补缺点。在你的眼中，对方有很多令你不满意的地方，你最大的心愿就是对方能变得让你满意。然而，这怎么可能呢？江山易改，秉性难移。你如果不能轻易地改变自己，也就不要想轻易地改变他人。

太多人在潜意识里都在期待遇到完美的人，拥有完美的关系。实际上，世界上根本没有绝对完美的人，更不可能有绝对完美的事情。人人都懂得这个道理，却依然情不自禁地盯着他人的缺点和不足，奢求他人改变。尤其是对于关系亲近的人，我们的这种心理趋势会变得更加明显，甚至毫不掩饰。

很多父母都会把自己的孩子拿去与别人家的孩子比较，

在他们眼中，自己的孩子浑身都是缺点，而别人家的孩子则浑身都是优点；很多妻子都会把自己的丈夫拿去与别人的丈夫比较，在他们心中，别人的丈夫才是完美无瑕的爱人，自己的丈夫则总不能让自己满意；也有一些丈夫只要有机会就会盯着美女看，想不明白自己曾经爱慕的心上人如今为何变成了黄脸婆。所有的人都会有不满，最重要的不是奢求遇到完美的人和事情，而是应该调整自己的心态，让自己学会接受不完美，也学会调整心态，坦然面对所谓的完美。

在一段关系开始之初，相爱的人总是情人眼里出西施，一日不见如隔三秋。而随着关系的渐渐亲密，彼此之间也以更真实的面目相对，关注的重点就开始发生变化，不再是只关注对方的优势和长处，而是也开始关注对方的劣势和不足，甚至伴随着挑剔和苛责。难道在相识之初，对方真的是完美的吗？当然不是。实际上对方虽然会在刚刚认识我们的时候好好表现，但是他们并不会变得像另一个人。而我们之所以与对方相看两欢喜，则是因为我们认可对方，也戴着有色眼镜看待对方。这样的有色眼镜不是把对方看得不好，而是把对方看的更好。

如何才能改变这样的状态呢？只是对对方宽容远远不够，我们首先要做到的是对自己宽容。很多人是因为对自己要求严格，所以才会对他人要求严格。例如，丈夫出生在贫穷的家庭里，向来节俭，不能忍受自己挥霍钱财，那么就会要求妻子也勤俭持家。虽然他们的经济情况很好，妻子的开销也并没有超出家庭的承受范围，但是丈夫对此就是不能接受。再如，妻子是一个很守时的人，在和丈夫约会的时候，妻子总是提前五分钟到达现场，而一旦丈夫迟到，妻子就会大发雷霆，甚至认为丈夫人品有问题。由此我们可以看出，每一个人对亲密爱人的挑剔，都源自对自己的挑剔。有些时候，我们甚至都不能完全达到自己的要求，我们却依然苛责自己，苛责他人。

从爱情的角度而言，这与处于不同的恋爱阶段也有关系。例如，在恋爱初期，我们之所以对一个人心生好感，是因为我们爱独立的对方。而随着恋爱关系的确立，彼此之间的关系越来越亲近，我们与对方之间的界限渐渐变得模糊，我们常常会越过界限，对对方提出过分的要求。在这样的情况下，我们在不知不觉间把对方变成了另一个自己，我们对对方的要求，实际上是对另一个自己的要求。从这个意义上来说，要想挽救一段亲密的关系，我们就要做到尊重对方是独立的生命个体，我们要与对方建立亲密的关系，但是不要失去界限地交融。不管在怎样的关系中，我们都要保持彼此独立，才能相互依偎。否则，我们与对方混为一谈，就谈不上相互扶持，相互依偎，也就谈不上与对方建立更好的关系。

没有人想对自己所爱的人感到失望，那么就不要对自己过度挑剔和苛责，也不要对对方过度挑剔和苛责。我们固然要从谏如流，却也要缔造自己的标准，这样才能成就最好的自我。我们不但要学会原谅自己，也要学会原谅伴侣。我们要相信爱是全盘接纳，爱是接受对方作为独特的生命个体，爱是无条件地包容，爱是真心真意地理解。我们遇到了这个世界上独一无二的爱人，我们应该为此感到庆幸，而不要试图改造对方。反过来，如果我们的爱人也能包容和理解我们，那么我们更应该好好珍惜。爱，既要有缘分，也要有智慧，才能打造更好的恋爱关系。

己所不欲，勿施于人

《论语》中说，己所不欲，勿施于人。这句话的意思是，自己不能接受的事情，不要强求别人。虽然道理人人都懂，但是现实中做不到的人不在少数。尤其是在恋爱关系中，很多人都希望伴侣能够为自己做更多的事情，例如无微不至地关心我们，照顾我们，凡事都能未雨绸缪想在前面，而且经常认可、肯定和赞美我们。尤其是不但拿着高薪，还能分担家务，不但上得了厅堂，更是下得了厨房，这样的伴侣堪称完美。现实生活中，这样的伴侣真的存在吗？我们不能否认，这样的伴侣是有可能存在的，但是他们并不完美。例如，他们很关心我们，也愿意照顾我们，但是一旦玩起网络游戏来，他们就对我们所说的话充耳不闻，只沉浸在自己的世界里；他们固然拿着高薪，却是不折不扣的工作狂，常常忘记了下班，忘记了我们的生日及各种纪念日；他们虽然经常认可、肯定和赞美我们，但是他们也常常在接连几天的时间里都没有发现我们换了新发型，也没有发现我们穿了一件全新的漂亮衣服。原来，在他们那些显而易见的优点后面，还隐藏着这些无法掩饰的缺点啊。虽然他们很好，却不能被称为完美。

反观自身，我们能达到对伴侣的所有要求吗？当然不能。我们正因为自己五谷不分、四体不勤，所以才会要求伴侣要上得了厅堂下得了厨房；我们正因为自己上学的时候不努力不认真，没有考上好大学，也没有找到好工作，所以才会要求伴侣必须是高精尖人才，有着很高的职位，拿着很高的薪水；我们因为自己皮肤黝黑，所以要求伴侣必须皮肤白皙，美其名曰是为了给孩子将来打好底子；我们因为自己身材不高，所以要求伴侣必须身材高挑，美其名曰是为了进行基因改造。试问，如果对方是个高富帅，为何必须找你这个灰姑娘呢？如果对方是个白富美，为何必须找你这个不名一文的穷小子呢？我们不但要看到别人，更要看到自己，尤其是在寻找人生伴侣的时候，虽然现代社会已经不讲究门当户对，但是相爱的两人还是应该条件相当的，而且应该有共同点，这样才有助于建立亲密的关系，增进彼此间的感情。

在很多关系中，我们都渴望更好的他人。例如，父母渴望有更优秀的孩子，男人渴望有更美丽的女友，女人渴望有高富帅且钟情专一的男友。我们为何对他人有这么多的要求和奢望呢？归根结底，是因为我们对自己感到不满意。我们期望自己成为理想的模样，却始终不能如愿，正因为我们自己做不到，所以我们才希望把身边的人改造成理想的模样。不得不说，这样对伴侣是不公平的。

很多时候，我们都渴望得到对方的认可与肯定，而我们自己却因为挑剔和苛责，很少认可和肯定他人。在一段关系中，这就相当于我们想从对方那里得到能量，而我们却总是在削减对方的能量，这显然既不公平也不理想。

要想让恋爱的关系更理想，我们就要拥有高价值感，做到自我欣赏。我们既要看到自己的优点和长处，也要看到自己的价值所在。一个充实有趣的灵魂，无需从伴侣身上索取能量，反而会给伴侣带来能量。换而言之，我们与其强求伴侣变得更好，更趋于完美，不如从自己身上着手，努力提升和完善自己，让自己充满积极的正能量。很多人特别内向自卑，总是觉得自己不重要，这样如何能得到伴侣的重视呢？很多人不注重关心自己，对于很多事情都怀着敷衍了事的态度，这样又如何能够得到伴侣的关心呢？现实生活中，很多伴侣之间之所以因为琐事而发生争吵，就是因为他们没有协调好彼此之间的关系，也没有调整好彼此相处的度。例如，有些女性为了干净卫生，每天都坚持做家务，把家里打扫得干干净净。但是，当看到男朋友或者男主人只知道坐在沙发上看电视，或者看手机的时候，她们就会内心失衡，也会因此而与男性发生争吵。在争吵的过程中，女性气势汹汹，觉得自己很有道理，因而得理不饶人。实际上，每个人对于家庭生活的干净整洁的要求是不同的。如果男性认为家里就应该有些凌乱才会更舒适，那么女性强求男性按照自己的标准去打扫卫生，显然是不合理的。

要想避免这种情况发生，作为女性，要发自内心地热爱自己所做的事情，例如心甘情愿地拖地，看着干净舒适的家就赏心愉悦，满心欢喜，而不要把做家务当成是一种沉重的负担，否则不如不做。对于自己做不到的事情，不要强求对方做到，否则就会与对方产生矛盾争执，也会导致关系破裂，感情受到伤害。

在恋爱关系中，很多人都会感到失望，其实他们不是对对方感到失望，而是对自己没有成功地改造对方感到失望。也有些人在爱过之后才幡然醒悟，原来，我们一直以来并不是在和对方谈恋爱，而是和自己理想的自我在谈恋爱。当我们不愿意再自欺欺人的时候，这段爱情也就戛然而止了。

现实中，很多人因为对自己感到失望，所以就会对他人寄予厚望。反之，一个人如果把自己的人生经营得很好，而且做到了自我接纳，也可以独立生存，那么他们就不会把所有的期望都寄托在他人身上。由此可见，要想避免强求对方，我们就要完善自我，提升自我，把自己变成自己所期望的样子，这样我们才不会对所爱的人提出过高或者过于苛刻的要求。反过来想，如果我们所爱的人也有低价值感，对于自己也不甚满意，而把他们对自己的期望寄托在我们身上呢，我们会在这段关系里感到舒适自在，轻松愉悦吗？如果答案是否定的，那么请推己及人，请以自己的感受去照顾对方的感受，这样才能与对方更融洽和谐地相处，也才能让爱变得更加包容。

学会示弱

在一段关系里，与对方如何相处，取决于我们的脾气秉性、为人处世的风格，以及对方的各种表现。人们都说，相爱容易相处难，又说婚姻是爱情的坟墓，这常常让还没有尝过爱情滋味的人感到困惑：爱情不应该是最美好的感情吗？为何会相爱而不能相处，结婚了却又相看两厌呢？这是因为相爱的人不懂得如何相处，所以才会让爱情渐渐变了滋味。

如果说爱情是虚无缥缈的，那么婚姻则需要我们脚踏实地。如果说爱情只需要风花雪月，那么婚姻则需要柴米油盐酱醋茶的支撑。当一段浪漫唯美的爱情落到现实的生活中之后，我们要做的是从高高在上的姿态落到尘埃里，沾染上人间的烟火气息，也在与对方你侬我侬、柔情蜜意之后，学会与对方的相处之道，这样才能建立良好的关系，经营好感情。

在爱情之中，强势意味着什么呢？强势意味着凡事都必须按照自己的心意来，而完全不在乎对方的感受；强势意味着去饭馆里吃饭只点自己喜欢吃的菜品，而不管对方喜欢吃什么；强势是口无遮拦地想说什么就说什么，完全不顾及对方听了之后会怎么想……强势固然可以让我们表现出高高在上的姿态，却也会使我们在不知不觉间伤害了对方，让对方感到迷惘困惑，在这段关系中无所适从，甚至想要放弃这段关系。

那么，如果我们处于弱势呢？爱，应该是以平等为基础的。在爱情之中，不管是男强女弱，还是女强男弱，因为失去了平衡，所以都不能成就一段好的关系。因此，我们也不要处于弱势。只有在平等的爱中，我们才能感受到平等、尊重，也才能让关系更加良好持久。

很多人都对《致橡树》印象深刻，因而在与爱人相处的时候要求绝对平等，而不允许对方占据优势。或者对方只是略微领先一些，我们也会因此而抓狂。不得不说，我们误解了舒婷的《致橡树》。舒婷的本意是说相爱的人在人格上应该是平等的，彼此之间要互相尊重，而不是说处处都要绝对平等。在这个世界上，绝对的平等是根本不存在的。即使以人格平等为基础，我们在与爱人相处的时候，也要讲究方式方法，必要的时候还要开动脑筋，使用一些善意的策略，而不要僵硬地固守平等的原则。

情景一：晚上，丹丹正在做晚饭，突然发现家里没有老抽了。她要做红烧肉，必须用老抽，这可怎么办呢？丹丹在厨房里手忙脚乱地忙碌着，看到丈夫阿峰正在客厅里看电视，不由得气不打一处来。她不假思索地喊道："别看啦，一天到晚就知道看电视，从来也不说搭把手。我真是倒了八辈子血霉，嫁给你，就成了不要钱的保姆。赶紧去楼下超市买瓶老抽回来，还想不想吃饭了？"丹丹话音刚落，阿峰就火冒三丈地喊道："做个饭也喊，好像全天下的女人只有你做饭一样。没有老抽就不用，买什么买！"就这样，丹丹和阿峰之间爆发了激烈的争吵，不但没有吃成红烧肉，两人也不欢而散。

情景二：丹丹在厨房里做饭，阿峰在客厅看电视。丹丹正准备做红烧肉呢，发现没有老抽了，因而温柔地对阿峰喊道："老公，老公，紧急求救！"阿峰赶紧暂停电视，奔向厨房，丹丹满脸笑意地对阿峰说："亲爱的，帮我个忙呗。我想给你做红烧肉，但是少了最重要的一味调料，那就是红烧酱油。你能不能去楼下的小超市买瓶老抽来啊，这样你就能吃到你最喜欢吃的红烧肉啦！"阿峰呢，也温柔地对丹丹说："没问题，老婆，你做饭辛苦啦。还需要买什么你都告诉我，我一起都买回来。"就这样，阿峰很快就买了老抽回来，丹丹呢，做好了红烧肉，和阿峰烛光晚餐，开开心心。

同样是去买老抽，为何两个场景的结果截然不同呢？就是因为丹丹求助的状态不同。在情境一中，丹丹以居高临下的态势对阿峰怨声载道，下达命令，还指责和抱怨阿峰，阿峰自然不愿意被丹丹使唤。在情境二中，丹丹学会了示弱，以求助的姿态对阿峰提出请求，阿峰自然很愿意帮忙。

面对爱人的时候，只有那些愚蠢的女性才会以硬碰硬，而真正聪明的女性会示弱，从而让自己以楚楚可怜的姿态得到对方的主动帮助。不得不说，因为生理上的差别，所以女性和男性在很多方面都存在差距。尤其是在家庭生活中，夫妻之间分工不同，应该做到彼此合作，互相帮助。不管是女性还是男性，都不可能强大到以自己的力量就支撑起整个家庭，所以更是要学会借力，学会助力。

示弱，除了能够帮助我们得到帮助之外，还可以借此机会表达对对方的欣赏和仰慕。众所周知，男人这种动物自尊心特别强，还很爱面子。如果女性对男性居高临下，颐指气使，那么往往会激发起男性的逆反心理。一旦伤害了男性的自尊和面子，还会导致事与愿违呢！因而在夫妻关系中，女性更应该学会示弱，才能协调好夫妻关系。当然，示弱并非女性的专利，有的时候，男性为了得到女性的帮助，或者为了凸显女性的价值，也是可以向女性示弱的。相互示弱，意味着相互需要，相互尊重，这对于建立良好的夫妻关系大有裨益。总而言之，家是讲情的地方，不是讲理的地方，当我们明白这个道理，也知道了在家庭生活中作为相爱的人没有必要一定争个你输我赢、你强我弱，也就能与对方相亲相爱，相依相伴，相互帮助，相互支持，共同建设美好的家园。

第六章

学习和接受自我：如果你愿意，就能改变

萨提亚认为，人们因为相似而联结，因为差异而成长。关系的不同取决于相处的模式，而以何种模式相处，则更多地取决于人与人之间的相似和差异。为此，很多人都陷入了进退两难的境遇，或者想改变别人以适应自己，或者想改变自己以适应他人。其实，最好的相处是各自做自己，既相互包容，又允许差异的存在。这么做的前提是学习和接受自我，这样才能遇见更好的自己。

需要别人是一种能力

记得有一首歌里唱道：把我的悲伤留给自己，你的美丽让你带走。这首歌是台湾歌手陈升作词作曲并且演唱的，歌声中透露出对爱的无奈和满心的悲凉。这样的洒脱固然让人感到疼惜，但是如果一个人总是这样与外界毫无瓜葛，那么未免就会太过于特立独行，也就渐渐地失去了需要别人的能力，也很少会被别人需要。其实，人际关系的本质就是需要与被需要，正如人们常说的，人情就是用来欠的。做人，一味地明哲保身，就会让自己变得孤单落寞。面对自己，我们要告诉自己：你需要别人，你需要别人的能力。

毋庸置疑，一个人即使能力再强，也不可能每件事情都面面俱到，做到最好。这就决定了每个人都需要别人，也常常被人需要。我们要想完善自我，要想在人际关系中有更好的表现，就要摆正自己的位置，就要能够接受自己，笃定地做自己，也要能够改变自己，让自己适应生活，适应社会。

在现实生活中，有一个很奇怪的现象是，很多人对待身边亲密无间的人总是表现出糟糕的一面，反而在面对那些陌生人或者不太熟悉、不太亲近的人时，会更加友善，更加和谐。而对自己，人们就更是苛刻，往往独自承受痛苦，承担责任，把所有的悲伤都咽回到自己的肚子里。在人际相处中，我们对于亲密的人也会非常苛刻，往往会提出一些看似不可能实现的要求，美其名曰是为了锻炼对方。而一旦对方不能达到我们的要求，或者表现得不能让我们满意，我们就会歇斯底里，各种抱怨、指责、愤怒的话都脱口而出。例如，普通的朋友、同事即使半天没有回复我们的微信，我们也不会生气，还会体谅地告知对方："没关系，我也没有什么着急的事情，你看到再回复我就行。如果有着急的事情，我就会给你打电话了。你忙吧，别总担心我。"我们是如此地宽容，如此地知书达理。而对于熟悉、亲密的人呢，我们就会很苛刻，如果他们没有及时回复微信，我们马上就会勃然大怒，甚至还会当即打电话把对方狠狠地怒骂一顿。这样的小肚鸡肠，不知道谅解与包容，是为什么呢？因为我们知道对方会宽容我们，会体谅我们，甚至会纵容我们。

还有的人性格内向，还有些自卑。在一段关系中，虽然对自己需要什么心知肚明，但就是不愿意把自己的需要说出口。他们只会抱怨指责，因为只有抱怨指责才能表现出他们高高在上的姿态；他们不敢说出需求，不敢告诉对方"我需要你"，因为他们担心会因此而被看低。有的时候，我们这样粗暴地对待亲密的人，也会忍不住瞧不起自己，或者对自己满心鄙夷。我们明明可以做到更好，却偏偏要这样违心，甚至故意伤害对方。这难道就是传说中的相爱相杀吗？

要想避免这样的情况出现，在愤怒的一刹那，我们就要按下情绪的暂停键，告诉自己不要再继续疯狂下去。从心理学的角度来说，愤怒实际上是一种强烈的需求。一个人之所以对另一个人愤怒，就是因为他的需求没有得到满足，他的要求没有得到实现。从这个意义上来说，一个人对另一个人有多么愤怒，就意味着他有多么需要另一个人。在亲密的关系中，我们以各种理由对亲密的人表示愤怒，实际上是在告诉对方我很需要你。我需要你陪伴在我的身边，我需要你给我关注与抚慰，我需要你欣赏、赞美或者否定、批评，我需要你在。遗憾的是，这样的需要被以愤怒和指责的方式表现出来，往往让人感到丈二和尚摸不着头脑。

以愤怒和抱怨的方式表达需求，往往不会得到满足，还有可能破坏人际关系。面对一个人的狂躁和愤怒，我们会产生无力感，不知所措，不知道自己应该怎么做才会更好，原本对自己充满信心的人也会因此而感到力不从心。显而易见，这并不是我们想要的结果。曾经有心理学家经过研究发现，愤怒还会使人的智商降低。举例而言，一个人原本可以想出好办法解决问题，却因为愤怒只能眼睁睁地看着事情恶化，甚至还会因为采取了错误的措施，导致事与愿违。

人真是一种奇怪的动物，明明很需要对方，需要得到对方的爱和关注，需要得到对方的鼓励和支持，却不愿意明确地说出口，而是喜欢以一种完全相反的方式引起对方的误解，这除了能够验证我们与对方是否心有灵犀之外，没有任何好处。没有谁是谁肚子里的蛔虫，即使是真心相爱的两个人，也需要开诚布公地交流，也需要彼此心意相通。那么，人们到底为什么不愿意说出自己的需求呢？深入挖掘人的潜意识，我们会发现人们之所以不愿意亲口说出自己的需求，是因为害怕因为需要而被对方掌控，这使人在潜意识里产生了深深的恐惧感，这种恐惧感使人不敢说出自己的需求。一则恐惧被掌控，二则恐惧不被满足。

一个内心真正强大的人，会坦然地承认：我需要别人。人是群居动物，每个人都在人群中生活，每个人都需要得到他人的帮助才能更好地生存，所以需要别人不是什么丢脸的事情，而是人本能的需要，也是人人都有的需要。要想承认自己的需要，我们就要变得更加强大。我们要正视自己真实的内心，我们要直面自己的恐惧，我们要满足自己的需求。需要别人是一种能力，具有这种能力的人才是真的强大。举例而言，一个人一日三餐都在家里做饭吃，几乎从不去餐厅，看起来不需要餐厅的厨师和服务员，实际上偶尔去餐厅里吃一顿现成的，会大大提升幸福感，也会让我们品味不同的菜品，享受不同的服务。

我们要区分清楚需要别人和依赖别人。需要别人的人，是需要别人提供的某种商品、某种服务，也需要别人对自己的付出和陪伴。有了别人的付出，他们会生存得更好。而依赖别人的人呢？他们没有独立生存的能力，如果没有别人的照顾，他们就很难生存下去。需要别人的人知道自己行，也想得到他人的陪伴和助力；依赖别人的人知道自己不行，一旦离开了别人的陪伴和助力就什么都做不到，更做不好。

在很多关系里，人与人之间之所以会有误解产生，都是因为没有表达清楚自己的需求。勇敢地说出自己对他人的需要，这是莫大的勇气，这也是我们必须迈过去的心理门槛。萨提亚告诉我们，在家庭生活中，我们应该向家人表达我们的需要，与此同时，我们也要防止把需要变成依赖。需要，让我们更好地生存；依赖，让我们失去生存的能力。从现在开始，就让我们以强大的内心说出我们的需要吧，要相信我们会得到积极友善的回应，也要相信从此之后我们与这个世界的关系会有所改变。

自尊与自卑

人们常说，物极必反，从而提倡适度。那么，度在哪里呢？一个人如果过度自尊，草木皆兵，生怕他人在背后对自己议论纷纷，或者很担心自己在某些方面表现不好，无法得到他人的认可和赏识，就会因此而陷入自卑的状态中无法自拔。心理学家经过研究发现，自尊超过正常的限度，很有可能是自卑心理在作祟。也许有些朋友认为：自尊与自卑是两个极端啊，怎么能混为一谈呢？的确，正常范围内的自尊和自卑是两个极端，但是一旦超出正常的范围，自尊与自卑的界限就不那么明确了。所以我们要把握好自尊与自卑的限度，从而才能让自己保持适度自尊，远离自卑。

在人际交往中，一个人如果自尊过了头，就很难理解他人。例如，他们会因为太过敏感而胡乱揣测他人的真实意图，也会因为太过自卑而生怕自己被他人瞧不起。他们时时处处都很在意他人的看法，而往往忽略或者轻视自己的感受，他们忘记了外界的一切都取决于我们的内心，当我们改变心态，很多事情也就随之改变了。

很多自卑的人都是很自我的，他们误以为自己始终受到众人的瞩目，也误以为众人的一言一行都是因为他们而起的。不得不说，这有自作多情的嫌疑。举个简单的例子来说，一个自卑的女孩穿着一条白色的裙子，因为下台阶的时候不小心被踩了一脚，所以裙子上留下了一个黑色的脚印。整整一天，她都心神不宁，觉得大家一定在对着她裙子上的脚印窃窃私语。直到下班的时候，她和一个关系很好的同事说起早晨的倒霉事，同事才惊诧地说："你可真倒霉，但是你要是不说，我们都没有发现脚印啊！"女孩释然：原来，从来没有人像我自己一样看重我自己。

尤其是在大城市里生活，每个人每天都如同高速旋转的陀螺一样转个不停。因为住的地方离公司太远，所以只能早出晚归，在路上消耗好几个小时的时间；因为每天都有堆积如山的工作需要完成，所以到了公司就开始埋头苦干，甚至连和同事打招呼的时间都没有；等到好不容易熬过了漫长辛苦的一天，只想赶快坐车回到家里休息和放松。在这样快节奏和强压力的生活之下，有谁会过于关注他人呢？自卑者不要认为大家的目光都聚焦在自己的身上，在这个人人都是小宇宙的时代里，每个人的宇宙中心都是自己，而不会是他人。

不过，很多自卑者都没有意识到自己在以自我为中心。只有反思和认识到这一点，他们才会有意识地改变。也有很多自尊者极其敏感、非常要强，也都没有意识到自己的内心深处是很自卑的，也必须先意识到这一点，才能调整自己的心态。

现代社会竞争越来越激烈，生存的压力越来越大。一个人如果没有强大的内心，很难在社会中站稳脚跟，生存下来。面对生活和工作的诸多不如意，我们还要调整好心态，要神经大条一些，不要因为小小的不顺利就备受打击，一蹶不振。还有些自尊心强的人不但自卑，也有很强的控制欲。例如他们强求别人按照他们的要求去做，否则就大发雷霆，这也体现出以自我为中心的思想。

那么，什么是真正的自尊呢？我们如何才能把自尊与自卑区别开来呢？自尊有以下的特点：我相信自己是最优秀的，我不会因为外物的改变就改变自己；我有着强大的内心，不管置身于怎样的环境，都坚持做最好的自己；我有主见，不随波逐流，哪怕我的决定被嘲笑和诟病，我也不会轻易改变；我经得起繁华，也耐得住寂寞，我能上能下，可以高高在上地发号施令，也能把冷板凳坐穿。真正的自尊是坚定地做好自己。

而自卑呢？自卑者怀疑自己，很喜欢随大流，盲目从众，没有自己的主见，总是人云亦云；自卑者尽管觉得自己不够好，却不允许别人说自己不好；有些自卑者还会强调自己匮乏的东西，无意间流露了真心；有些自卑者可怜之人必有可恨之处，他们还通过打压别人来抬高自己。这些行为举动，都是自卑的表现，也有一些是自卑到极致后的极端表现。

作为自卑者，在和他人相处的时候也许会感到很不自在，他们担心自己不能让他人满意，害怕自己被他人不怀好意地议论，想要做得更好，却又不知道要如何提升和完善自己。正是因为这样的自卑，他们才会草木皆兵，才生怕被人在背后议论，也就不知不觉间变得神经过敏，奢求得到所有人的认可和肯定。

我们要在自尊和自卑之间找到平衡，这样才能调整好自己的心态，让自己保持良好的状态。不管是过度自尊还是过度自卑，都不利于我们铸就自我，也不利于我们营造良好的人际关系。从现在开始，我们应该以客观公正的眼光看待自己，我们也应该以更好的姿态去面对这个世界。

接纳自己的无能，才会变得强大

面对一地鸡毛的生活、工作等，你是否经常会感到烦躁呢？你是否觉得自己一无是处，尤其是在遭受挫败后，你甚至断言自己不管怎么努力也做不好呢？为此，你抱怨和指责自己，忍不住动了放弃的心思，你甚至还会批评和否定自己，给自己最残酷的打击。这样的做法完全没有必要。哪怕你已经把一件事情做了一次、两次，接下来就要做第三次了，你也无需歇斯底里，更不要陷入疯狂的自责之中。

在这个世界上，没有任何人是全能的，每个人都会面对很多的坎坷境遇。如果能够鼓起信心和勇气战胜这些难关，我们就会变得强大；如果只是经历了小小的失败就一蹶不振，自暴自弃，那么就注定会彻底失败。每一个人要想从平凡走向伟大，要想从弱小走向强大，就必须接受自己的无能。只有正视自己的弱点和不足，才能做到取长补短，扬长避短，也才能戒骄戒躁，让自己表现得更好。

现实之中，有太多人都因无法接受自己的无能而烦恼。例如：父母几次三番叮嘱孩子完成作业，孩子却仿佛没听见一样自顾自地做着自己的事情，修养好的父母会河东狮吼，修养不好的父母会直接动手；在工作中，我们作为上司已经叮嘱下属好几次要认真完成艰巨的工作任务，下属却依然会犯各种低级的错误，我们怎么能控制住对下属劈头盖脸一通数落的欲望呢？难道父母是因为孩子的表现不好而生气，上司是因为下属没有完成工作而抓狂吗？只是从表面看来如此，深层次的原因是，父母指使不动孩子会感到挫败，上司不能指挥下属会觉得深受打击。

在萨提亚的课上，很多学员都曾经在他们无法改掉自己的不好，不能达到自己满意的时候表现出烦躁的一面。例如，有些女性朋友想要管住嘴迈开腿，双管齐下地减肥，但是最终的结果却是既没管住嘴，也没迈开腿，体重不但没有减少，反而还增加了。她们当然会因此而烦躁。再如，很多年轻的朋友每天晚上睡觉前都会情不自禁地拿起手机，结果不知不觉间就看了一个多小时，原本可以在十点钟熄灯睡个美容觉，却到了深夜才熄灯，又因为各种信息的刺激而睡不着。他们也会烦躁地骂自己。不管是缺乏自控力，还是缺乏意志力，实际上都是我们的短板，都会让我们感到很无奈，很无力。责怪和咒骂自己并不能帮助我们取得更好的结果，我们要做的是直面自己的无能。也许有人认为用“无能”来形容自己言过其实了，其实，管不住自己就是无能的表现。生命如此短暂，我们为何要把宝贵的时间用于刷手机呢？体重那么难减，我们为何不在没有发胖之前就做好体重管理呢？很多事情亡羊补牢固然不晚，却需要我们付出更多。如果能够做到未雨绸缪，就可以省时省力，也可以取得更好的效果。

接纳自己的无能，我们还要有足够的耐心。有些人做事情毛手毛脚，只想着在最短的时间内做最多的事情，却没有想到即使做得再多，如果没有得到预期的效果，这样的付出就是无用功；有些人说起话来如同连珠炮，只想在最短的时间内传达最多的信息，然而，如果听的人根本不理解，也不能意会，那么根本无法起到沟通的效果。快与好并不矛盾，而是应该并行不悖。为了好就牺牲了快，那就不能跟上现代社会的节奏，为了快就牺牲了好，那是本末倒置。

很多人对待生活就像走钢丝，总是小心翼翼的，提心吊胆，生怕自己某个地方做不好，就会给自己和他人惹来麻烦。实际上，我们也可以从容地面对生活。对于那些可以掌控的事情，我们要努力争取做得更好；对于那些无法掌控的事情，我们可以适时地放手。谁说人生只能做加法呢？人生更需要的其实是减法。得到与失去是可以相互转化的，有的时候得到就是失去，有的时候失去反而是得到。

既然生活的节奏已经这么快了，工作的压力已经这么大了，我们就不要再把自己的神经绷得那么紧了。必要的时候，暂时放下手中的一切，给自己放几天假，修养身心，岂不是更好的选择吗？现实之中，很多人之所以感到疲惫乏力，是因为他们一直督促自己不遗余力地往前跑，他们被自己的欲望驱使着想要得到更多。这样的压力并非来自外界，而是来自我们的内心。我们不能接受自己的不完美，我们不能接受自己的不成功，我们不能接受自己的磨蹭和拖延，最终我们对自己失去了耐心，也泯灭了希望。一切的烦躁，都根源于我们不能接受自己的无能。为了消除烦躁，为了让自己的内心更加强大淡然，我们必须直面自己的无能。

心理学领域有个脱敏疗法，意思就是让人直面自己害怕或者恐惧的东西，这样做的次数多了，害怕和恐惧就会烟消云散。对于自己的无能，我们也需要运用脱敏疗法。我们无需为此感到自卑，因为在这个世界上没有谁是绝对完美的，我们当然也是如此。

很多人虽然不愿意承认，却都在做着同样的事情，那就是误以为只要排斥自己的无能，自己的能力就会变得越来越强。事实恰恰与此相反，我们只有直面自己的无能，才会变得越来越强。所以从现在开始，请耐心地对待自己，请给予自己更多的机会去成长，接受历练，这样我们的内心才会更充实，我们的人生也会因为拥有丰富的经验而呈现出不同的面貌。具体来说，我们要做到以下几点。

首先，认可自己。不要因为自己失败了一次就全盘否定自己，我们不应该对他人这么苛刻，也不应该对自己这么苛刻。

其次，给自己机会去尝试。没有人天生就无所不能，很多事情都是熟能生巧，所以我们需要反复练习，来增强自己的能力，提升自己的水平。

再次，不要给自己贴上负面标签。寸有所长，尺有所短。你之所以做不好，也许只是因为你不太擅长这个方面，但是这并不意味着你不擅长所有方面。

最后，寻求帮助。前文我们说过，需要他人是一种能力。既然一个人不可能面面俱到把所有事情都做得尽善尽美，那么我们就要学会合作，学会借力。和一滴水相比，大海的力量是更强大的，我们只有融入团队之中，才能生出翅膀。

抱怨，并没有你想象得那么糟

面对不那么如意的生活，你会抱怨吗？你喜欢抱怨吗？你经常抱怨吗？当他人当着你的面开始抱怨，你是能够接受，还是心生反感呢？不管你是喜欢抱怨，还是讨厌抱怨，或者你身边的人总会抱怨。关于抱怨，我们听说过很多负面的评价，诸如抱怨是毒瘤，抱怨对解决问题毫无用处，抱怨只会让事情变得更糟糕等。受到这些负面评价的影响，很多人都告诉自己，也告诫身边的人：不要抱怨。那么，抱怨真的有这么糟糕吗？抱怨有没有积极的作用呢？

曾经有位大名鼎鼎的哲学家说，存在即合理。抱怨既然能够在世界上大行其道，一定有其存在的合理性。所以对于抱怨，我们倒也没有必要如临大敌。至少，抱怨可以帮助我们发泄情绪，让我们说出心中的不满。如果有人在倾听我们的抱怨，那么抱怨还可以起到交流的作用，让他人了解我们的真心实意。

虽然人人都对抱怨很熟悉，但是有很多人未必知道抱怨到底是什么。在文学史上，最经典的抱怨当属祥林嫂的抱怨。命运对她很残忍，让她失去了丈夫，失去了孩子，生活没有着落，她有充足的理由抱怨。然而，人们的同情心少得可怜，很快就被祥林嫂的抱怨消耗殆尽了。从一开始对祥林嫂满怀同情，到后来对祥林嫂避之不及，由此可见抱怨的杀伤力还是很大的。祥林嫂是不懂抱怨的方式，也并没有寄希望于以抱怨的方式来解决问题。

有些人和祥林嫂截然相反，不管在生命的旅程中遇见了什么、经历了什么，他们都一忍再忍，始终牙关紧咬，什么也不愿意说。有些人因此而憋出了内伤，患上了或轻或重的抑郁症。如果能够早一些把心中的不快说出来，哪怕起不到实质性的作用，也能宣泄情绪，就不会导致因为严重的抑郁症而自杀的现象了吧？由此可见，抱怨也是有积极意义的。还有很多人被发现了心理状态不好的苗头，被强迫去求助于心理医生，即使面对心理医生，也不愿意敞开心扉抱怨一次，面对这样的心理疾病患者，往往连心理医生都感到束手无策。

不要再说抱怨没有用啦。抱怨对于切实解决问题也许没有用，但是对于帮助人们宣泄情绪的用处可是很大的。人做很多事情并不是为了解决实际问题，而有可能只是想发泄心中的不满，只是想让自己曾经被情绪淤积的内心得以疏导。由此可见，抱怨很有用。

人是有血有肉有感情的生物，而不是冷冰冰的、无情的机器。对待机器，我们只需要输入一个指令，或者按一下相应的按钮，就能启动。但是对待人，指令从来不会起到预期的作用，因为人有感情，有思想，有精神。如果人和机器一样冷漠无情，就失去了做人的价值和意义。

常言道，人活一口气，抱怨恰恰可以帮助人们活出这口气。如果面对困难束手无策，却连说也不能说，那就太悲哀了。人世间，只有抱怨才能让人感到神清气爽，让人感到发自内心地愉悦。抱怨，是成本最小的愉悦自己的行为。相信看到这本书的朋友之中，有很多人都曾经亲身体会过抱怨带来的酣畅淋漓的快乐。

如今，人们给抱怨起了一个更好听的名字，叫吐槽。虽然名字不同，但是内容相似，起到的效果也大同小异。我们不能对老板、上司、下属抱怨，但是我们可以放松自己，对朋友、亲人、爱人吐槽，这样才能为自己的情绪找到宣泄之口，也让自己的内心恢复愉悦。也有人说，抱怨会伤害关系。在亲密无间的关系中，无休止的抱怨的确会蚕食关系。但是在不那么亲密的关系中，适度抱怨和吐槽反而能够拉近我们与他人之间的关系。例如，几个同事在一起吐槽公司制度不合理、老板太抠门，因为有了这样的经历，他们仿佛心照不宣起来。再如，老婆数十年如一日地抱怨老公邋遢懒惰不做家务，老公终有听厌的那一天，甚至会奋起反抗老婆，不允许老婆再说类似的话。因而对于不同的人说不同的话，我们要因人制宜，也要把握好限度。

当我们愿意对一个人抱怨，不再满脸正气凛然，满嘴正能量，就意味着我们愿意对这个人敞开心扉，吐露心声。很多人不愿意听别人抱怨，是因为他们固执己见，不想听到不同的声音，也不愿意被当成情绪的垃圾桶。对于我们所关心和热爱的亲人、朋友，我们理应接受他们的抱怨，也心甘情愿地当好他们情绪的垃圾桶。有的时候，一个抱怨的人并不需要什么，需要的只是倾听的耳朵。再也不要说抱怨没有用啦，我们要有强大的内心承载他人的情绪，我们也要用强大的能力去爱别人。作为父母，我们大都喜欢听孩子喋喋不休地说起在学校里开心和不开心的事情。这是因为我们深爱着孩子。反之，如果我们对一个人的抱怨感到厌烦，就意味着我们并不关心他的喜怒哀乐。反之，如果我们的抱怨被他人嫌弃，那么我们也应该认清楚自己在他人心中的位置。

要想适度抱怨，不至于引起他人的反感，我们就要考虑到和他人的关系亲密到什么程度，也要考虑到对方的心理承受能力。不管是从不抱怨，还是过度抱怨，都不利于建立良好的人际关系，我们只有把握好抱怨的度，才能合理发泄，放松心情。

真实地活着

行走在人群熙攘的大街上，你看到一张张陌生的脸，可曾想过他们真实的模样？如今，大多数人每天出门之前不但要化妆或者整理仪容，还要带上自己的人格面具，也就是假面，才能面对现实的社会。看到这里，很多朋友一定会否定：我从来不戴面具，我是一个非常真诚的人，我只以真面目示人。真的如此吗？当每个人站在他人面前的那一刻，就已经在不知不觉间戴上了面具开始表演。有很多人甚至在面对至亲至爱的亲人时，也依然会戴着面具。只是面对亲人的面具和面对陌生人的面具是不同的而已，也有人以社会角色来解释这种现象，但是社会角色只取决于职务，而与人格面具的人格没有太大关系。所以说，人格面具和社会角色还是有本质区别的。

大多数人都以家门为分界点，在走出家门的那一刻变身成为社会人，戴着面具扮演各种社会角色；在进入家门的那一刻变身成为家人，换一个面具或者完全卸下面具扮演好家庭角色。在家以外的地方，我们的面具是坚硬的盔甲，我们表现得乐观自信、坚强无畏，而实际上一回到家里，我们就会露出自己最柔软的一面，有无助，有温情，有失落，有沮丧，也有美好。正因为如此，有人说家是每个人的港湾，回到家里，在外打拼了一天的人们就会卸下盔甲，卸下疲惫，温柔休憩。

那么，我们为何要戴着面具去面对家以外的各种人呢？这样掩饰自己，我们不会觉得很累吗？当然会感到辛苦和疲惫，但是戴着面具并不是虚伪，有的时候，也是为了做好印象管理。印象管理是心理学领域的名词，意思是每个人会根据他人的期待，来调整自己的形象和表现，从而让自己与他人的期待相符合，相一致。很多父母都听说过一句话，即孩子会变成父母所期望的样子。这就符合印象管理的心理学原理，即孩子想让自己与父母的期待或者评价相符合，从而提升自己的形象。

印象管理的目的是得到他人的认可和接纳，得到他人的尊重与信任，得到他人的爱。虽然我们是戴着人格面具才得到他人的爱、尊重、理解与信任的，但是我们终究还是得到了。这样的努力能够帮助我们提升自我，完善自我，却要把握好限度。一旦我们过度迎合他们，形成讨好型人格，那么我们就不再是戴着人格面具，而是完全变成了别人所期望的样子，我们的一言一行、一举一动也会以迎合与讨好他人为目标，这显然是我们所不想看到的。

在进行印象管理后，也许有些人会对我们的行为表现不满意，他们会说："看看吧，你的表现并不能令人满意。"也有些人会直截了当地为我们指出缺点和不足，让我们倍感尴尬。尤其是当我们努力地想表现更好，想得到团队其他成员的认可，想融入团队时，这样的评价更是让我们无所适从。在这种时候，我们要认清楚一个道理：真实地做自己，真实地活着。一个人不管多么努力地改变自己，都不可能得到所有人的喜爱。既然如此，我们与其东施效颦，贻笑大方，还不如坚持真我本色。虽然结果都是会被人批评或者否定，但是我们即使做自己，也能够得到一些人的认可和欣赏，这不是更是我们想要的吗？

毫无疑问，没有人愿意被他人诟病，也没有人愿意被他人否定的那么糟糕。一个人如果坚信真实的自己是不受欢迎的，那么他们就会否定自己，也不知道如何做好自己；一个人如果坚信真实的自己即使不被一些人喜欢，也会得到另一些人的真爱，那么他们就会认可自己，也会坚持做好自己。在生命的历程中，对于成功的定义人人都不相同，真正的成功应该是活出真实的自己，也活好真实的自己。记住，即使被全世界抛弃了，自己也不要抛弃自己。

有些人迷惘彷徨，不知道如何做好自己，也不知道怎样处理好一段关系，由此而迟疑不定，犹豫不决，最终反而错失了很多机会。不要怀疑别人爱的是真正的你，因为即使戴着人格面具，你也还是你，而不可能被误以为是任何人。除非你居心叵测，以假面示人，才会引起别人的误解。有的时候，我们无需奢求得到所有人的喜爱，与其隐藏真我去迎合他人，不如展示真我，得到他人真正的爱。即使爱我们的人只有一个，这样的真爱也是弥足珍贵的，也是不可替代的。

每个人，都有很多不同的面。即使我们不刻意伪装自己，也不刻意掩饰自己，我们也依然有着很多面。所以在面对自己的时候，我们要有更高的接纳度，要获得更高的安全感，这样才能坦然从容地展示自己。

意识到问题的存在，才能解决问题，否则问题就会始终隐藏在我们看不到的地方，永远也不可能得到解决。此时此刻，不管我们对自己是满意还是不满意，我们都要全盘接纳自己，也要调整好心态，悦纳自己。这样我们才能鼓起信心和勇气，向他人展示真实的自己，也赢得他人发自内心的爱。

真实，是对所有生命的救赎，唯有坚持真实，我们才能真正地活着。

第七章

与自己和解：做自己最好的陪伴者

一个人如果不能接纳自己，就谈不上改变。只有接纳和肯定自己的人，才能正视自己，也才能以自身的独特性为基础进行有益的添加。这样的改变是以真实的自我为基础进行的修缮，而不是把自己变得面目全非，连自己都不认识了。每个人都要与自己和解，才能做自己最好的陪伴者，和自己一起走过人生的漫漫长路。

以人生为底色去描摹未来

作为独一无二的生命个体，你可曾厌倦自己，想要重塑自己呢？对于自我，我们一直存在误解，即觉得每个生命体都应该是全然接纳自我，而且非常欣赏自我的。事实却并非如此。从心理学的专业角度去看，很多人都不接纳自我，甚至很讨厌自己的某些方面，例如脾气秉性、气质类型等。即使他们认为自己就是自己所喜欢的样子，他们也还是不愿意接纳自己，这让他们陷入了自我矛盾的状态，不知道如何与自己相处。

古人云，身体发肤受之父母。每个人的生命都来自父母，每个人的性格、气质等也都与父母密切相关。对于生命之中存在的很多事物，有些是可以改变的，有些是不能改变的。与其让自己因为不能改变的事情而陷入痛苦纠结的状态，不如坦然接受和面对这一切，努力争取做到更好。

宁静做了九型人格测试和分析后，拿到结果很不开心。原来，测试结果显示她是悲情浪漫主义者，很容易受到情绪的影响，多愁善感，敏感自卑，追求浪漫的事物，对于人生怀着消极悲观的态度，也因为缺乏自信，而总是害怕失去。看到这里，读者朋友们脑海中有没有显现出一个人？没错，这个人就是林黛玉。读过《红楼梦》的很多人都喜欢林黛玉，但是却很少有人想要成为林黛玉，因为林黛玉的命运很悲惨，结局凄凉。相比起林黛玉，虽然只有少部分人喜欢薛宝钗，但是真正要对号入座，却有更多的人愿意成为薛宝钗。这就是理想和现实的差距。理想总是丰满的，现实总是骨感的。

宁静不想当林黛玉，虽然她承认自己和林黛玉很像。她很清楚自己是怎样的人，但是她不想接纳这样的自己。她无奈地说："我愿意成为其他任何性格类型的人，就是不想像林黛玉。"萨提亚课程的老师忍不住笑起来，说："就像你明知道自己是一个橙子，却宁愿当不是橙子的其他任何水果。"听到老师的比喻，宁静也哑然失笑。

老师对宁静说："九型人格测试是为了帮助我们更好地了解自己，而不是为了让我们讨厌自己。其实，人格测试并不是人格判断，你还是可以改变的。尽管江山易改，禀性难移，但是每一种性格都有好的地方，也有不好的地方。对于自己不好的性格表现，你可以有意识地校正。当然，前提是你要接受自己，悦纳自己。一个否定自己的人，不可能做到扬长避短，取长补短。"在老师的引导下，宁静认识到自己之所以擅长写作，就是因为天性敏感细腻。但是，敏感细腻也给她带来了伤害，她总是过于在意他人的看法，而不知道如何与人相处。后来，老师又为宁静分析了如何发挥优势，弥补劣势，宁静终于释然："不管好不好，这就是我，这是最真实的我。我要接纳自己，爱自己，拥抱自己。"

很多人对于自己都没有正确全面的认知，这正应了那句话——不识庐山真面目，只缘身在此山中。要想更加客观地认知自己，我们很有必要全面地了解自己，也加深对自己的理解。有的时候，多听听别人口中的我们是怎么样的，很有必要。有的时候，我们也需要去进行人格测试，这样才能从更专业的角度得到解读和建议。

生活中，选择的机会原本就没有那么多，所以我们要珍惜选择的机会，行使选择的权利。面对自己，我们如果怀着较真的态度，总是和自己过不去，和自己较劲，那么我们就会生存得很难。我们要对自己怀有宽容的心态，要更加积极主动地接纳自己，这样我们才会以更轻松的态度面对人生的诸多选择。虽然一个人基本的性格类型是很难改变的，但是这并不意味着一切都会一成不变。我们可以对人格进行调整，也可以放大人格中的优点，适当改善人格中的缺点。在需要的情况下，我们还可以把主要的人格类型的特点与处于从属地位的人格类型的特点进行整合，从而让自己的人格更稳定。

每一种性格特点都既有优点也有缺点，改变不是全盘否定，而是在接纳自我、悦纳自我的基础上，对自己进行提升和完善。这是唯物主义的世界，我们看待很多问题都要坚持一分为二。举例而言，讨好型人格尽管不懂得拒绝，但是他们很善良，而且往往以大局为重；领导型人格特别喜欢指责他人，或者对他人下命令，那么在从事管理工作的时候就会表现出优势；有些人特别较真，睚眦必较说的大概就是他们，这样的人很适合从事会计工作，因为会计工作就是需要认真严谨。由此可见，只要我们对于自己足够了解，也能够找到合适的舞台让自己尽情展示，我们就能得到更好的机会呈现自己，证明自己。

萨提亚认为，每一个生命的变化都要经历现状、引入外部因素、混乱、转化、整合、实践这六个步骤，才能形成新的现状。那么在做出改变之际，我们也要参考这六个步骤，再达到最终的结果，实现新的呈现。

每一个生命在呱呱坠地之际并不是一张白纸，而是拥有自己的底色，或者鲜艳明亮，或者阴沉灰暗，或者靓丽独特，或者简洁素雅。我们要以生命的底色为基础，描摹未来。有的时候，只需要一点点亮色，一幅原本色调阴暗的画就会鲜活生动起来，我们何不给自己的生命画卷添加这样的神来之笔呢？

改变和成长都取决于自己

在萨提亚的课堂上，很多学员都活在过去的痛苦和阴影之中，不愿意摆脱。他们一边渴望得到帮助，渴望救赎自己，一边又固执地守着心中的仇恨，就这样在爱恨之间纠缠，无休无止。我们永远也叫不醒一个装睡的人，同样的道理，我们永远也推不动一个只想停留在原地的人。萨提亚模式尽管能够帮助很多人忘记过去，获得新的生活，但是萨提亚模式无法帮助那些拒绝改变和成长的人。从本质上来说，每个人的改变和成长尽管受到很多因素的影响，却都取决于自己。

不可否认的是，对于大多数人而言，改变都是困难的，甚至是非常困难的。这是因为生活是很残酷的，在有些时候，生活会无情地把人推向困境，甚至是绝境。人们必须依靠自身的力量才能走出困境，并且对自己所拥有的各种资源和条件进行整合，从而彻底摆脱困境。看起来，人们已经战胜了困难，但是人们的内心真的已经释然了吗？如果只是从表面上战胜了困难，而自己的内心却始终停留在忧愁困苦的状态中，那么这样的解脱就不是真的解脱。

面对改变，很多人都特别心急，他们奢望自己能在最短的时间内就做出巨大的改变，这当然是不可能实现的。改变的难度很大，我们必须接纳自己，也要允许自己慢慢来。有的时候，在昨日和现状之间还会出现反复，对此我们要理解，也要能够接受。

艾米是一个患有重度抑郁症的女性，她的抑郁来自童年的生活经历。在童年时期，因为父母没有很好地保护她，使她受到了很大的伤害。即便已经走过了忧郁的童年，进入了成年，她还是很怨恨父母。也因为怀着对父母的怨恨，她与丈夫和孩子的关系也受到了影响，婚姻濒临破裂，孩子叛逆不羁。

为了改变现状，艾米参加了萨提亚课程。在课堂上，她很积极地发言，也很勇敢地剖析自己的内心。但是不管何时，她都没有摆脱受害者的身份，始终带着童年的生活标签。她不止一次地提起是父母造成了她的悲剧，直到有一天，老师毫不留情地对她说："如果你不能放下对父母的怨恨，你一辈子都不会得到救赎。你童年的不幸是父母导致的，你现在的不幸是你自己导致的。"艾米没想到老师会这么对她说，她当即崩溃："你是什么老师，就是这样安抚学员的吗？"老师不再和艾米争论，艾米陷入了反思。

有一次来上课的时候，艾米就像变了一个人。她对老师说："老师，谢谢你狠狠地叫醒了我。我不应该活在过去的阴影中。现在的我有自己的工作，有自己的家，有可爱的孩子，我还有什么理由抱怨呢？命运待我不薄，我要努力地生活，快乐地生活。”

这就是心结。一直以来，因为对父母的心结没有解开，艾米一直活在懊丧之中，一直不知道应该如何面对自己的童年，接纳自己的现状。幸运的是，她接触了萨提亚模式，也知道了自己的心结所在，最终消除了这个心理障碍。

对于改变为何如此困难，很多人都不明白。万物归宗，改变的宗就是我们自己。有太多的人都把自己的不幸归咎于他人，归咎于外界的环境，而唯独忽略了自己的内心。我们的心里如果有结，我们就不能做到敞开心扉与自己和解。看起来，我们一直在怨恨他人，实际上我们一直在用仇恨束缚自己。

在成长和改变的过程中，我们解开了心结，还要消除痛苦。成长难免要经历痛苦，这是人人都必须经过的成长之关。为了消除成长的痛苦，我们也许需要揭开陈年的伤疤，让已经愈合的伤疤再次鲜血淋漓。然而，在创伤愈合的过程中，我们获得了真正的成长。每一个内心强大的人都能直面自己曾经的伤痛，都能勇敢地走出伤痛。

在生命有伤痛的情况下，改变就是更难的。我们要对自己更加宽容，经常鼓励自己，耐心地对待自己，多多地包容自己。在这个世界上，如果我们自己都不能原谅自己，包容自己，又有谁会真心地疼爱我们呢？美国有一位黑人作家曾经说过，每个人都要有解决问题的能力，如果一个人不能解决问题，那么他本身就会成为问题。

我们除了要负责解决问题之外，还要肩负起属于自己的责任。每个人的人生都肩负着责任和使命，有些人畏缩逃避，始终不能做到顶天立地，也就迷失了自己。而有的人呢？不管遭遇多少坎坷挫折，都能够坚定不移地做好自己该做的事情，都能够主动地承认错误，也能够挺起脊梁屹立于天地之间。这样的人才是真正大写的人，这样的人才能经受生命的考验，迎接改变的到来。

对于改变和成长，永远也不要放弃。萨提亚告诉我们，改变永远都是可能的。即使我们不能在外在改变太多，我们也可以在内在寻求改变。与此同时，改变又注定是艰难的。然而，只要我们怀着坚定的信念，只要我们不遗余力地去做，我们就可以做到更好，也能够让改变贯穿我们的生命，让自我坚持成长。

人与观点，谁更重要

观点因人而生，如果没有人的依托，观点就是毫无意义的。偏偏有很多人都搞混了现实，认为观点比人更重要，不得不说，这是本末倒置了。一个观点再怎么正确，如果不能与心连接，如果不能与爱感应，我们就没有必要坚持这样的观点，因为它是没有思想和灵魂的。尤其是在面对所爱的人、关系亲近的人时，我们更是要坚持以人为本，在此基础上再谈及观点。

现实生活中，很多人之间之所以关系紧张，就是因为观点产生分歧。越是亲近的人，越是容易因为观点不一致而争执。例如，面对即将到来的高考，女儿想考取外地的院校，爸爸妈妈却坚持让女儿考取本地的院校。爸爸妈妈和女儿各有各的道理，女儿想离开爸爸妈妈的身边独立生活，爸爸妈妈不舍得让宝贝女儿离开家太远，他们就这样各抒己见，明明都是为了对方好，却因此而争执不断。这就是观念的差异，孩子想离开家远远的，获得自由；父母想把孩子留在身边。越是亲近的人之间，观念的冲突越是严重。反而在关系相对疏远，感情没有那么深厚的人之间，观念的差异不会形成这么严重的冲突。因为彼此并不密切相关，对方的观念和选择对于我们也就不会有那么严重的影响。

除了亲子之间的冲突，人际之间的冲突还有很多。例如，家人之间的冲突、上司和下属之间的冲突、朋友之间的冲突等。有些冲突只是因为观念差异引起的，是比较容易协调和达成共识的，而有的冲突是与利益相关的，就相对难以协调。在面对观念的差异时，很多人因为一时冲动，就会忘记了解决观念问题的原则，因而导致严重冲突。面对不同的观念，人人都想说服对方，却忘记了应该尊重对方，理解对方。尤其是当身份对立的时候，更是应该设身处地为他人着想，这样就能更理解和包容对方。

现实生活中，因为冲突而发生的悲剧很多。例如，亲子之间的矛盾。前段时间，网络上有个十几岁的女孩因为练钢琴与家人发生冲突，跳楼，砸中了试图徒手接住她的父亲，结果父女俩都失去了生命。这样的悲剧让人扼腕叹息。

面对观念的不同，在坚持以人为本的前提下，我们还要学会沟通。人际关系的维持主要依靠沟通，如果沟通不到位，就会产生误解，就会导致悲剧发生。如果沟通到位，并且把握正确的沟通方法，就会起到良好的沟通效果，那么很多问题就会迎刃而解。

不管面对怎样的观点分歧，我们都要牢记一点，即初心。例如父母与孩子之间因为观点不同而发生冲突，每个人都想说服对方，结果却导致互不相让，争执不休。遇到这样的情况，父母不如想一想：我们苦心为孩子打算，到底是为了什么？如果我们是在和孩子展开辩论，想要和孩子一决高下，那么我们当然要使出浑身的本事舌战孩子。然而，孩子不是我们的辩论对手，我们与孩子争执是为了孩子好，我们的初心是希望孩子幸福。假如孩子坚持自己的选择会感到幸福，那么我们就要尊重孩子。退一步而言，即使孩子做出的选择不是最优的，而是有可能引起不好的后果，那也没关系，因为孩子必然要亲自去经历，才能不断地成长。俗话说，不撞南墙不回头，不到长城不死心，孩子有的时候就是如此。因此，如果作为父母预见到事情的结果不会那么严重，那么不如放手让孩子去尝试，即使遭遇失败也没关系，因为人生就是要吃一堑长一智。

人生，不经历无以成经验。没有人可以代替我们成长，对于各种观念，我们也只能亲自去验证。也许在亲身实践的过程中，我们会失败，会遭遇挫折和磨难，这都没关系。因为如果没有这个过程，我们就无法验证自己的观点是正确的还是错误的，自己的选择是否需要再斟酌和调整。

在这个世界上，从来不乏观点。很多人都是不折不扣的演讲大师，他们会侃侃而谈，说出自己的观点，也会列举很多事例或者亲身经历，来证明自己的观点是正确的。然而，他们忘记了一个关键，即所有的观点都是主观的，都是从自身角度出发提出来的。每个人都有自己的实际情况，我们的观点也许很适合我们，却未必适合他人。

在成长的过程中，我们还会从父母、老师、同学等人那里了解很多观点。尤其是父母的观点，往往会被我们内化成自己的观点，因为父母与我们朝夕相处，对我们言传身教，所以父母对我们的影响力是很大的。我们不断地成长，也形成了自己的观点。在各种观点的交融和碰撞之中，我们的思想越来越成熟，我们的观点越来越鲜明。这符合萨提亚关于人成长的理论。

萨提亚认为，每个人都会拥有不同的层面，每一个层面最终都会被人转化为不同的资源，为我们所用。如果我们不能接纳这些属于我们的部分，而是与它们之间产生对抗的关系，那么就会阻碍我们运用自身的能量。为此，萨提亚提出了个性面貌舞会，即提供戏剧化的场景帮助人们整合和利用资源。

人是世界上最神奇且复杂的生物，每个人的成长都离不开经历。各种观点的提出，代表了我们的心声，在我们的观点与他人的观点碰撞融合的过程中，我们得到成长，不断地进步。观点的冲突并不可怕，可怕的是在观点冲突中迷失了本心，把自己当成了辩论的选手，一定要与对方争出个高低来。其实，不管采取哪种形式来进行沟通，我们最终的目的都是解决问题而不是因为观念的碰撞而导致矛盾和纠纷。

幸福不需要比较

现实生活中，很多人尽管拥有很多，却仍不知道满足，也感觉不到幸福和快乐，就是因为他们爱慕虚荣，喜欢攀比。而有些人则恰恰相反，他们过着简单的生活，做着自己喜欢的事情，每天都吃着粗茶淡饭，穿着粗布衣裳，却怡然自乐，心满意足。古人云，知足常乐，就是这个道理。

人人都有欲望，比较会使人堕入欲望的深渊。人人都情不自禁地与他人比较，却不知道正是因为这样的举动而离幸福越来越远。每个人都有属于自己的幸福，也有属于自己的精彩，由此而造就了自己的人生。如果因为各种原因而与他人之间进行攀比，则不但不能收获更多的幸福，还会把现有的幸福也丢失了。所以我们要端正心态，明确自己的目标是获得幸福，而不是比别人幸福。

又到了一年一度的母亲节，莉莉从早晨起床就在等待着，希望老公和女儿能够祝她节日快乐，希望他们都能为她准备礼物。结果呢，老公的确为她准备了礼物——一束花，但是既不是娇艳欲滴的玫瑰，也不是清新脱俗的百合，而是一束由白色的花椰菜、绿色的西蓝花和紫色的紫甘蓝组成的一束蔬菜花。看到她露出嫌弃的神色，老公还振振有词地说："咱们都老夫老妻了，送花多么俗气啊。还是送菜花好，欣赏完之后，还可以吃呢！看看吧，明天的菜有着落了，也省得你一大清早就去菜市场了。”老公正说着，女儿回来了。看到女儿两手空空，莉莉的失望都写在了脸上。她满心不悦，晚上就做了清水挂面给老公和女儿吃，自己则什么都没吃。女儿莫名其妙，询问爸爸原因，爸爸指了指朋友圈里的各色鲜花，对女儿说：“你妈生气啦！你怎么没给她准备礼物呢？”听说爸爸准备了一束菜花，女儿忍不住哈哈大笑起来，直夸爸爸有才。女儿对爸爸的夸赞点燃了莉莉心中的愤怒，她生气地把手机摔在老公和女儿面前，委屈地喊道：“看看朋友圈，再看看我。我每天当牛做马地伺候你们，还不如伺候两条狗呢，狗至少不是白眼狼，还知道对我摇摇尾巴。”女儿不以为然：“妈妈呀，你怎么这么俗气。现在大家都把母亲节过成情人节了，无非都是商家的噱头，没意思透了。你还这么爱攀比，别人怎么过母亲节和你有什么关系啊，你只要开心，每天不都是母亲节么！”女儿话糙理不糙，女儿说完之后，莉莉虽然还是气鼓鼓的，但是心中没有那么失落了。是啊，老公是个好老公，老实本分也很顾家，女儿是个好女儿，学习上不需要她操心，偶尔出去补课，还会顺路给她带点儿她喜欢吃的小零食。这样的小确幸弥漫在每一天，又何必要纠结母亲节怎么过呢！这么想来想去，莉莉终于释然。

如今，各种各样的节日越来越多，就连11月11日都成为了盛大的光棍节，购物的狂欢节。面对着和自己有关系的节日，很多敏感的人因为没有收到想要的礼物，或者因为没有得到期盼的祝福，心中就会很失落。尤其是微信的普及，使得每个人很容易就能把自己的礼物分享到朋友圈里，这就更是无形中助长了我们的攀比心理。实际上，每个人都有自己喜欢的方式来表达爱意，表达感恩，未必要和别人学，盲目地随大流。与其在过节的时候索要一束鲜花，不如在生病的时候感受对方无微不至的照顾；与其在过节的时候收到礼物，不如在每一个普通的日子里时常得到小小的惊喜，感受到发自内心的幸福和满足。生活，不是瀑布激流之下三千尺，而是应该像潺潺的小溪一样细水长流。

每到过节，微信朋友圈里就是各种晒。有人晒收到的礼物，有人晒旅行的风景，有人晒幸福的感悟，有人晒美食，有人晒娃，有人晒配偶……如今已经进入了全民狂晒的特殊时期，每个人都在晒，似乎不晒就对不起得到的一切。曾经有一个笑话说，一位女性和朋友去吃火锅，结果锅底端上来还没有开始吃呢，这位女士就拿起手机开始拍照，还禁止别人开动。她不厌其烦地拍了好几张照片，也许是因为激动，居然一不小心把手机掉入了火锅滚烫的汤底中。这下可好，只能再换锅底，而手机也彻底报废了。

每到节日，微信朋友圈里就有铺天盖地的祝福。不知道大家为何不去面对面和过节人说出祝福的话语，而非要把祝福的话发在朋友圈里昭告天下。有些人就这样高调表白，可笑的是他们真正要表白的对象，例如妈妈，根本没有智能手机，更没有朋友圈。与其这样搞形式主义，还不如把心意落实到实际行动上，例如放下手机，多抽点儿时间陪伴在父母的身边，这才是最孝顺的孩子。

网络的普及，给我们的生活带来了很多便利，也给我们的生活带来了很多烦恼。如果我们每时每刻都在关注网络，从现实的比较转化为网络上的攀比，那么我们的心就将会永无宁日了。恰当的比较固然能激励我们努力向上，但是如果我们总是在比较物质和金钱，那么在不知不觉间，我们就会感受到很多烦恼，也会因为处处不如别人而失去了幸福的感受。很多父母就特别擅长比较，他们总是把别人家的孩子挂在嘴边，甚至使别人家的孩子成为了自家孩子的噩梦。试问，如果孩子不曾把自己的父母与别人家的父母比较，我们作为父母，又为何要把孩子与别人家的孩子比较呢？这样的比较对孩子而言是不公平的，不但会打击孩子的自信，也会影响家庭的安定团结。

也有人美其名曰，比较是在给自己寻找坐标。如果没有比较，我们就不知道自己的表现到底是好还是不好，也不知道自己是暂时处于领先地位，可以放松片刻，还是必须继续努力，再接再厉。俗话说，人外有人，天外有天。在这个世界上，没有谁可以做到天下第一，每个人都要进行正确的自我认知，也要进行中肯的自我评价，才能摆正自己的位置，端正自己的心态，面对人生中的各种境遇都能获得自己的幸福。

我们应该明确不是什么东西都能被拿来比较的。钱能买来房子，却买不来家，所以我们虽然可以和别人比较房子的大小，却无法比较家的幸福。正如一位名人所说的，幸福的家庭都是相似的，不幸的家庭却各有各的不幸。其实，幸福的家庭也各有各的幸福，根本没法拿来进行比较。钱能买来药品，却买不来健康。我们可以花费重金买贵重的药品，却无法保证自己的健康状态是最好的。总而言之，金钱和物质等量化的东西可以拿来比较，但是诸如幸福、快乐等主观感受却不能拿来比较，也比较不出胜负高低。

为何这些东西无法比较呢？是因为每个人都有自己想要的幸福。同样的感受，对于这个人而言是幸福，对于那个人而言就是不满足。曾经有心理学家针对不合时宜的比较打了一个比方，即我们无法把桌子和板凳放在一起比较，因为桌子和板凳的功能是不同的。俗话说，鞋子是否合脚，只有脚知道。幸福也是如此。有人想要安稳的家庭生活，认为岁月静好就是幸福；有人却不安于现状，只想过波澜起伏的生活，认为惊心动魄才是幸福。每个人对于幸福都有自己的理解和定义，也有自己的追求，所以我们不能强求别人认可我们的幸福，我们也没有必要强求自己必须比别人更幸福。幸福，只存在于我们的内心，是我们人生的终极目标和最伟大的追求。

让期待不再漂泊

对于人生，每个人都有很多期待。因为每个人的情况不同，所以他们的期待也是不同的。贫穷的人期待着获得财富；被疾病缠身的人期待着恢复健康；缺少爱的人渴望着获得爱；孤独寂寞的人期待着结交更多的朋友，拥有珍贵的友谊……父母期待着孩子健康茁壮地成长，在学习上有出类拔萃的表现；相爱的人期待着早一日走入爱情的圣殿，步入婚姻的殿堂，一起品尝人生的冷暖；落魄的人期待着有朝一日能够得到千载难逢的好机会，东山再起；失意的人期待着能够大展宏图，得到万人瞩目……人，缺少什么就期待获得什么，失去什么就期待失而复得什么，哪里有空白就期待着弥补什么。期待能激励人坚持不懈地努力，也会让人在拼搏的过程中倍感辛苦，却依然坚持付出。有的时候，期待是我们人生的领航灯，指引着我们前进的目标和方向；有的时候，期待也会紧紧地束缚我们，甚至绑架我们的人生，让我们感到窒息和绝望。在生命的旅程中，期待将会发挥怎样的作用，取决于我们的心态，取决于我们的各种人生观念和价值观念。

按照期待的对象划分，我们的期待既有自己对自己的期待，也有自己对别人的期待，此外还有别人对我们的期待。对于这些期待，我们的重视程度是不同的，所以我们实现期待的努力也是不同的。通常，我们会努力实现自己对自己的期待，其次才会实现别人对我们的期待。与此同时，我们也盼望着别人能够实现我们的期待。也可以说，每个人都正在经历被期待，也正在期待着。这些期待对我们的生活会产生很大的影响，或者激励我们前行，或者让我们不堪重负，恨不得把这些期待都抛到远远的地方。

按照期待的程度划分，有过度期待、适度期待和过低期待。显而易见，过度期待超出了我们的能力水平，我们哪怕为此付出了很多，并且一直在坚持努力，也未必能让这些期待梦想成真。过低期待与过度期待恰恰相反，远远地低于我们的能力水平，这使我们轻轻松松就能实现这些期待，因而并不能对我们起到激励的作用。只有适度期待，是我们最为需要的。让我们需要努力才能实现目标，让我们必须坚持才能进步，既对我们起到激励作用，又让我们在付出努力之后收获满满的自信。

从是否切合实际的角度来划分，期待可以分为两种。一种是脱离实际的期待，即使我们再怎么努力也未必能变成现实；一种是切合实际的期待，因为有现实作为基础，所以实现也就成为可能。

当然，我们还可以从很多角度对期待进行划分，以上的三种划分方式只是最为常见的划分，也是放之四海而皆准的。我们可以看到，我们对自己的期待、适度的期待、切合实际的期待，是最重要的，能够对我们起到激励的作用，督促和鞭策我们不断前行，向上攀登。

说起期待，也有一些朋友会感到很担心，因为他们害怕自己能力不足，不能实现期待。实际上，人的生存能力和适应能力都是很强的。在安逸舒适的环境中，人会变得很慵懒懈怠，而在艰苦卓绝的环境中，人就会激发自身的潜能，让自己的表现更加出类拔萃。所谓期待，直白地说，其实就是我们给自己指定的目标。正如前文所说的，切实可行的、适度的目标，能够激励我们发愤图强，而过高的目标，我们无论多么努力都不可能达到，则会让我们信心全无，甚至放弃努力。

期待鞭策人不断地努力，持续地攀升，也让人感受到前所未有的辛苦。然而，当我们为了实现期待而坚持着，最终让梦想成真，我们就会知道这一切的付出都是值得的。因为期待，我们会紧张焦虑，担忧，甚至恐惧。换个角度来看，我们也一改慵懒随意的状态，更加全力以赴地奔向自己的目标，我们尽管辛苦却充满活力，我们尽管疲惫却满怀希望，我们尽管知道时间有限却依然充分地利用每一分每一秒，让自己有更加出色的表现。是期待，让我们产生了蜕变，是期待，让我们获得了新生。

然而，人的时间和精力毕竟是有限的，人生既要做加法，也要做减法。为了集中精力去实现最伟大的梦想，我们不得不放弃一些期待，删除一些目标，这样我们才能全力以赴。在此过程中，我们也许会因为失去而不舍，却能学会接纳有限，也在此过程中看到自己无限的可能。听起来，这句话就像是在说绕口令，实际上，这是生活的真谛，是生活的辩证法，是每个人都要坚持做好的生活加减法。

萨提亚认为，每一个行为的背后都隐藏着我们对自己、对他人，或者对某种情境的期待。由此看来，期待并不是凭空而生的，而是有着深厚的背景，在很多因素的合力下才促成的。每个人都有期待，每个人都要负责实现自己的期待。然而，把期待变成现实并不容易，也不是轻而易举就能做到的。在实现期待的过程中，我们要不断地调整期待，要坚持实现有效的期待，也要寻找并且满足可以替代的期待。要想做到这一点，我们就要了解自己的内心，就要知道自己的人生目标，就要明确自己的梦想和志向。

当然，我们的能力不是无限的。在实现各种期待的过程中，如果觉得心有余而力不足，那么我们可以适度降低期待，以免自己感到疲惫和无力。反之，如果我们觉得自己是可以实现期待的，那么我们就可以适度提高期待。要想让期待不再漂泊，我们就要以人为本，就要关注到自己的实际情况，也要对自己有客观正确的评价和估量。

放下完美，拥抱自己

每天对着镜子里自己的脸，你初看也许会感到很熟悉，而再仔细地看一看，就会觉得很陌生。你甚至会问自己：镜子里的人是谁，那么憔悴，那么无助，那么疲惫，甚至眼神里还充满了恐惧。你该告诉自己：镜子里的人是我，是我，是我。你未免产生了冲动，想要马上给自己化上精致的妆容，让自己就像每一个清晨那样神采奕奕，精神抖擞。然而，你又改变了主意，因为此刻已经是深夜，你刚刚洗了个热水澡，褪去了浑身的盔甲，洗去了满身的疲惫。此时此刻，你只想素颜朝天，你甚至还产生了一个冲动的想法，希望自己明天也能够这样洗尽铅华，不施粉黛。

次日，你对着镜子里睡眼惺忪的自己陷入了纠结的状态，你一则想要释放自己，二则又想维持自己的完美形象。你的梳妆台上摆放着你每天都用的化妆品，你的衣柜里挂着笔挺的西装。为了配合自己的形象，你还必须不苟言笑，摆出一副职场高精尖人才的架势和派头来。你真的累了，你不想再这么完美了。终于有一天，你简单梳洗，和平日里的光鲜亮丽相比，简直是面无血色地离开了家。你对自己说："别说我不是偶像，没有那么多粉丝，就算我真的是大明星，我也有权利选择新的活法。"在踏出家门的那一刻，你还很忐忑，然而看着大街上一张张面孔那么冷漠，你觉得满心轻松。即便遇到了熟人，你在紧张之余，也发现对方并没有关注你，你才恍然大悟：原来，根本没有人像我自己这样在乎我，关注我。从此之后，你彻底卸下了自己一厢情愿背上的偶像包袱，你变得更轻松，更快乐，你终于找回了真实完整的自己。

从小就是乖乖女的雅静按照父母安排好的既定轨道，一路重点幼儿园、小学、初中、高中、大学，现在如同父母所期望的回到家乡的地级市，有了安稳的工作和生活。然而，她真的幸福吗？一直以来，她习惯了接受父母的指令，从来不会违抗父母的旨意。然而，现在她突然有了冲动，不想这样继续完美下去，更不想和往常一样人人羡慕。她居然背着父母辞职了，去了大城市打拼。等到父母得知消息的时候，她已经坐上了南下的动车。父母懊悔不已，后悔没有早点发现不好的苗头，没有及时制止雅静的冲动举动。只有雅静知道，这一次她势在必行，破釜沉舟。

到了大城市，失去了父母的庇护，雅静终于知道生活多么艰难。虽然父母在捶胸顿足之余付出了最大的努力支持她，但是她还是感到生活捉襟见肘。高昂的房租，固定的通讯费、伙食费等，很快，雅静就花光了随身带来的积蓄。她不得不住到潮湿阴暗的地下室，她不得不在全职之余还打着两份零工，她不得不精打细算去菜市场里买些便宜的食材自己动手做饭炒菜。才几个月过去，雅静借着假期回家，爸爸妈妈当即就发现了她的变化。她不再是那个处处都要精致且追求品质的娇娇女，她说话的嗓门很大，她学会了精打细算。最重要的是，她不再处处追求完美，并且能够容忍瑕疵。看到雅静这样的转变，爸爸妈妈尽管心疼，也很欣慰。他们娇生惯养长大的女儿，终于从仙子变成了田螺姑娘。

过于追求完美的人都有强迫症的倾向，他们不允许自己有任何瑕疵，不管是做人还是做事情，都对自己高标准严要求。在很多时候，高标准严要求固然是必须的，但是在很多情况下，我们也要学会适当地松一松自己头脑中绷紧的那根弦。

我们无需一直坚强，也可以在必要的时候表现得脆弱；我们无需一直当强人，也可以偶尔暴露自己不够强的一面；我们无需拒绝错误，错误恰恰是成长的阶梯。我们既可以打开大门面对那些不完美的人和事情，我们也可以走出自己的盔甲，去接纳百态的世界与真实的自己。很多人都知道，婴儿的生命是很脆弱的，但是其实婴儿的生命力是很强大的。脆弱与强大并不相冲突，更不是矛盾的对立面。就像瑕疵与完美可以并存，非但不会互相抵消，而且能够互相促进。从现在开始，就让我们接纳脆弱吧，脆弱让我们更真实，也正是因为脆弱，我们才更加趋于完美。从现在开始，就让我们放下完美吧，当我们敞开怀抱接纳真实的自己，我们才会变得更加完整！换一个角度看世界，换一个角度看自己，一切都将截然不同。我们可以运用萨提亚的冥想模式，走入自己的心灵深处，拥抱最真实最完整的自己！

参考文献

[1] 丛扬洋.找到意想不到的自己：萨提亚模式与自我成长[M].武汉：武汉大学出版社，2015.

[2] 丛非从.我真的很棒[M].武汉：长江文艺出版社，2020.

[3] 丛非从.允许你自己：遇见完整的自己[M].广州：广东旅游出版社，2020.

[4] 王俊华.那一刻，我看见了自己[M].南宁：广西科学技术出版社，2017.